高职高专“十三五”规划教材

C 语言程序设计

索明何　邢海霞　方伟骏　编　著
张洪斌　主　审

机 械 工 业 出 版 社

C语言作为软件设计的入门语言，同时也是当前嵌入式系统与物联网技术软件开发的主流语言。

本书根据嵌入式系统与物联网技术软件设计需要的“程序设计基础”知识编写而成。主要内容包括：C语言语法基础，C程序设计基础，数组，函数，指针，结构体、共用体、枚举类型，文件等。

本书尽量用通俗易懂的语言描述知识点，并采用浅显易懂的案例突出重点和突破难点，以便自学；内容组织循序渐进，灵活采用对比法、类比法、启发法、实验法等多种教学方法；注重软件设计工程规范，并突出C语言在嵌入式测控中的应用，以便学以致用；每章末均附练习题，便于及时复习、掌握知识，使读者不断提高C程序设计水平。

本书可作为高等院校电子信息、计算机、物联网技术、电气自动化技术、机电一体化技术等专业（方向）的教材，也可供从事电子技术、嵌入式系统与物联网技术开发的工程技术人员参考。

为方便教学，本书配有电子教案、电子课件、程序源代码、练习题答案、习题库及答案等教学资源，凡选用本书作为授课教材的学校，均可来电（010-88379564）或邮件（cmpqu@163.com）索取，有任何技术问题也可通过以上方式联系。

图书在版编目（CIP）数据

C语言程序设计/索明何，邢海霞，方伟骏编著. —北京：机械工业出版社，2016.1（2019.9重印）

高职高专“十三五”规划教材

ISBN 978-7-111-52473-1

Ⅰ.①C… Ⅱ.①索…②邢…③方… Ⅲ.①C语言-程序设计-高等职业教育-教材 Ⅳ.①TP312

中国版本图书馆CIP数据核字（2016）第010047号

机械工业出版社（北京市百万庄大街22号 邮政编码100037）

策划编辑：曲世海　　责任编辑：曲世海

封面设计：陈　沛　　责任印制：郜　敏

河北鑫兆源印刷有限公司印制

2019年9月第1版第7次印刷

184mm×260mm · 13.25印张 · 326千字

标准书号：ISBN 978-7-111-52473-1

定价：36.00元

凡购本书，如有缺页、倒页、脱页，由本社发行部调换

电话服务

服务咨询热线：010-88379833

读者购书热线：010-68326294

网络服务

机 工 官 网：www.cmpbook.com

机 工 官 博：weibo.com/cmp1952

教育服务网：www.cmpedu.com

金 书 网：www.golden-book.com

前　言

C语言作为软件设计的入门语言，同时也是当前嵌入式系统与物联网技术软件开发的主流语言。

主要内容：第1章介绍C语言语法基础，包括C语言的特点、VC＋＋ 6.0开发环境使用方法、数据类型、运算符及表达式；第2章介绍C程序设计基础，包括算法及其表示方法、3种结构的程序设计方法、预处理命令及其应用方法；第3章介绍数组及其应用，包括一维数组、二维数组、字符数组及其应用；第4章介绍函数及其应用，包括定义函数的方法、函数的调用、变量的类型、内部函数和外部函数；第5章介绍指针及其应用，包括指针的基本概念、指向普通变量的指针、指向数组的指针、指向字符串的指针、指向函数的指针、返回指针值的函数、指针数组、指向指针的指针、内存动态分配与指向动态内存区的指针变量；第6章介绍结构体、共用体、枚举类型、链表及其操作；第7章介绍文件及其应用方法。

本书特点：尽量用通俗易懂的语言描述知识点，并采用浅显易懂的案例突出重点和突破难点，以便自学。内容组织循序渐进，灵活采用对比法、类比法、启发法、实验法等多种教学方法。注重软件设计工程规范，并突出C语言在嵌入式测控方面的应用，以便学以致用。

教学建议：建议以VC＋＋ 6.0开发环境为主，学习C语言的基本知识和编程思想。对于本书中的单片机与嵌入式系统C程序案例，可以着重学习对应的C语言知识点，熟悉相关的C语言知识在嵌入式系统中的典型应用即可；有条件的学校也可以在嵌入式系统平台上运行相关的程序，提高学生学习的兴趣。各院校可根据实际需要，选择部分或全部内容讲解。

本书第1～3章主要由邢海霞编写，第4～6章主要由索明何编写；第7章和附录主要由方伟骏编写；孙步鲜、贾艳丽和杨永参与了部分内容的编写和程序测试工作。索明何负责全书的策划、内容安排、案例选取和统稿工作。全书由张洪斌主审。

由于编者水平有限，疏漏之处在所难免，恳请广大专家和读者提出宝贵的修正意见和建议。

编　者

目　录

第1章　C语言语法基础

【学习目标】

1. 熟悉C语言程序特点；
2. 熟练使用VC++ 6.0开发环境；
3. 掌握C语言基本的数据类型（整型、字符型、实型）、常量和变量；
4. 掌握“算术、赋值、逗号、位”4种运算符及其表达式。

1.1　C语言的特点

产生于20世纪70年代的C语言是国际上广泛流行的计算机高级编程语言，C语言具有的优点包括：①灵活的语法和丰富的运算符；②模块化和结构化的编程手段，程序可读性好；③可以直接对硬件进行操作，能够实现汇编语言的大部分功能；④生成的目标代码质量高，程序执行效率高，C语言一般只比汇编程序生成的目标代码效率低10%～20%；⑤用C语言编写的程序可移植性好（与汇编语言相比），基本上不做修改就能用于各种型号的计算机和各种操作系统。

鉴于以上优点，C语言已成为当前嵌入式系统与物联网技术软件开发的主流语言，同时也是通用计算机软件设计的基础语言。

下面先介绍几个简单的C语言程序，然后从中分析C语言程序的特点。

【例1.1】　在PC屏幕上输出一行信息。

```
#include  <stdio.h>              //预处理命令:包含输入输出头文件
void main( )                     //主函数
{
    printf("This is a C program.\n");  //原样输出一串字符
}
```

运行结果：

```
This is a C program.
Press any key to continue
```

【例1.2】　将两数求和，并将结果在PC屏幕上输出。

```
#include  <stdio.h>                   //包含输入输出头文件
void main( )                          /*主函数*/
{
    int a,b,sum;                      //定义3个整型变量
    a=123;b=456;                      //对变量进行赋值
    sum=a+b;                          //求和运算
```

```
    printf("sum=%d\n",sum);        //输出求和结果
}
```

运行结果：sum=579

如果将例1.2中的两数求和程序作为一个"独立模块"的话，可以编写成独立的函数。

【例1.3】 将两数求和，并将结果在PC屏幕上输出。

```
#include  <stdio.h>
int add(int x,int y);              //函数声明
void main( )                       /*主函数*/
{
    int a,b,sum;                   //定义变量
    a=123;b=456;                   //变量赋值
    sum=add(a,b);                  //调用求和子函数(两个实参a、b)
    printf("sum=%d\n",sum);
}
int add(int x,int y)               //求和子函数,函数参数x、y
{
    int z;
    z=x+y;
    return(z);                     //将z的值返回调用函数的位置
}
```

【例1.4】 51单片机控制LED灯电路如图1-1所示，通过P1.0引脚控制LED灯的亮、灭。P1.0引脚电平为低时，LED灯亮；为高时，LED灯灭。

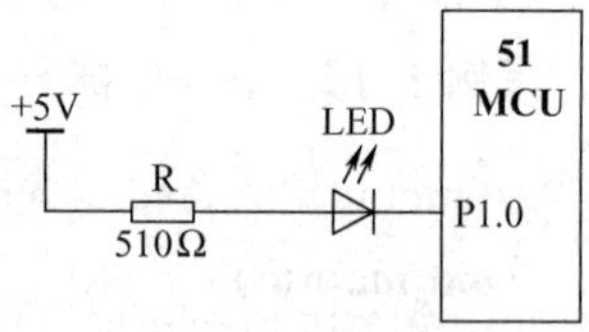

图1-1 51单片机控制LED灯电路

对应的C程序：

```
#include <reg52.h>                 //包含寄存器头文件
#define uint unsigned int          //宏定义无符号整型
sbit LED=P1^0;                     //定义位变量
void delay( )                      //定义延时子函数
{
    uint i;
    for(i=50000;i>0;i--);          //循环结构实现倒计数延时
}
void main( )          //主函数
{
    while(1)          //无限循环结构
    {
        LED=0;        //灯亮
        delay( );     //调用延时子函数
        LED=1;        //灯灭
```

```
        delay( );    //调用延时子函数
    }
}
```

通过以上几个例子，可以看出 C 语言具有如下特点：

1）C 程序是由预处理命令、数据声明、一个主函数（main 函数）和若干个其他函数组成的。可见，函数是 C 程序的基本单位，被调用的函数可以是系统提供的库函数（例如 printf 函数），也可以是用户根据需要自己编制设计的函数（如例 1.3 中的 add 函数、例 1.4 中的 delay 函数）。程序的全部工作都是由各个函数分别完成的，编写 C 程序就是编写一个个的函数，该特点便于实现程序的模块化设计。

2）一个函数由两部分组成：

①函数首部，即函数的第 1 行，包括函数类型、函数名、函数参数类型、函数参数名。

例如，例 1.3 中的 add 函数首部：

函数类型　　函数名　　函数参数类型　函数参数名　函数参数类型　函数参数名

一个函数名后面必须跟一对圆括号，括号内可以有参数（如 add 函数），也可以没有参数（如 main 函数）。

②函数体，即函数首部下面的花括号{} 内的部分，如果一个函数内有多个花括号，则最外层的一对花括号为函数体的范围。函数体一般包括以下两部分：

➢ 声明部分：包括对数据类型（如结构体等类型）和其他函数的声明，以及对变量的定义，如例 1.2 的 main 函数中对变量的定义“int a，b，sum;”。

➢ 执行部分：由若干个语句组成。

3）一个 C 程序总是从 main 函数开始执行，而不论 main 函数在整个程序中的位置如何（main 函数可以放在程序的前面、中间或后面）。

4）C 程序书写格式自由，一行内可以写多条语句，一条语句可以分写在多行。

5）每条语句和数据声明的最后必须要有一个分号，分号是 C 语句的必要组成部分。

6）C 程序中的 printf 函数，可用于输出程序执行结果，同时也便于对程序进行调试。

7）可以用注释符“//”或“/ * … * /”对 C 语言程序进行注释，增加程序的可读性。注释内容是不被程序执行的，因此注释符还可以用来屏蔽程序中某行或某段代码的执行，用于程序调试。一般地，用作对代码的注释时，在相应代码的上一行或后面加“//”注释符；用作屏蔽某行代码的执行时，可在该行语句的前面加“//”注释符；而用作屏蔽某段代码时，可将欲屏蔽的代码段放在“/ *”和“* /”之间。

1.2　熟悉 VC++ 6.0 的开发环境

VC++ 6.0 是微软公司推出的基于 Windows 平台的开发工具，是集代码编辑、编译、连接和调试等功能于一身的 C/C++/VC++开发环境。本节介绍在 VC++ 6.0 环境下开发 C 程序的基本步骤。

1）单击“开始”→“程序”→“Microsoft Visual C++ 6.0”，或者双击桌面上的“Microsoft Visual C++ 6.0”快捷方式，打开 VC++ 6.0 开发环境界面，如图 1-2 所示。

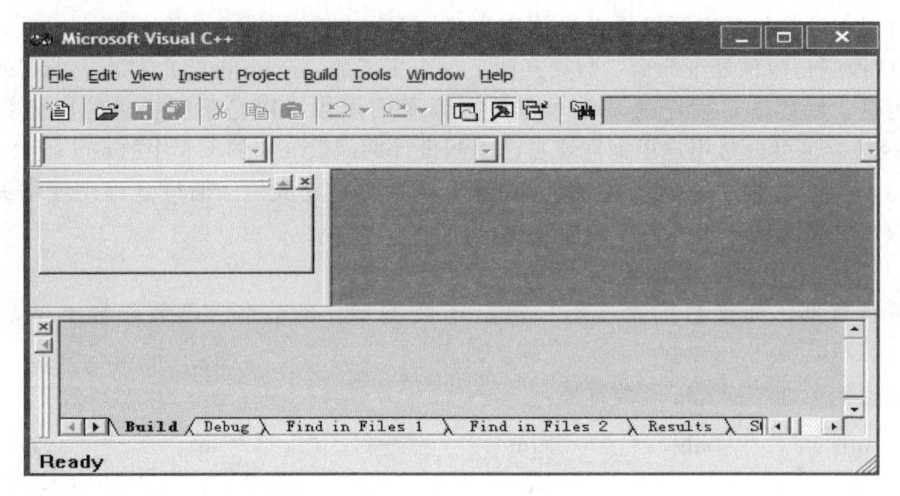

图 1-2　VC++ 6.0 开发环境界面

2）新建工程。单击“File”→“New”命令，弹出图 1-3 所示的界面。

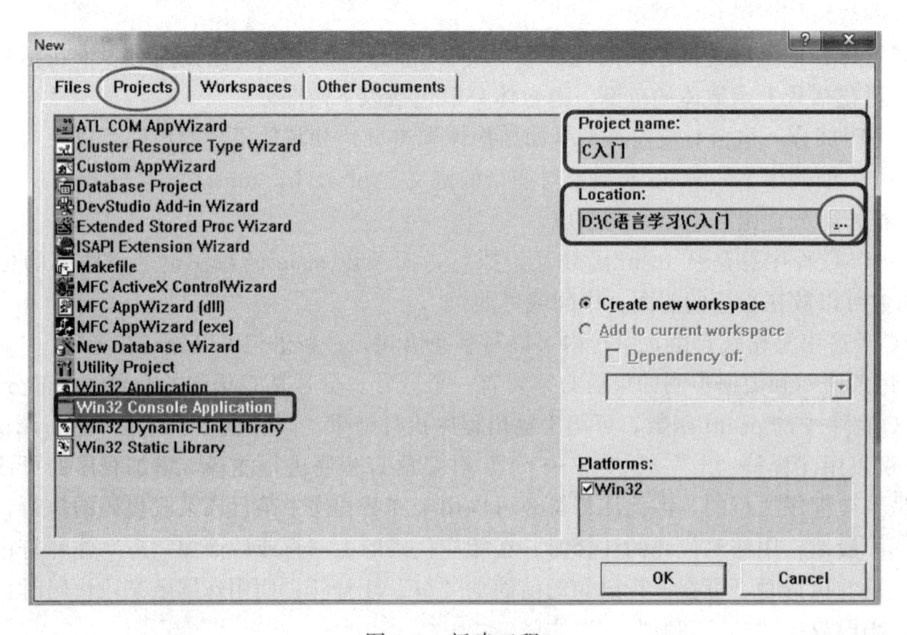

图 1-3　新建工程

在“Projects”选项卡中选择“Win32 Console Application”选项；在“Project name:”文本框中输入工程名；在“Location:”框中选择工程的保存路径。最后单击“OK”按钮，弹出图 1-4 所示的界面，再单击“Finish”按钮，然后在弹出的界面中单击“OK”按钮，这样一个空的工程即建立完成。系统会自动在指定的工程保存路径下生成一个以“工程名”为名的文件夹。

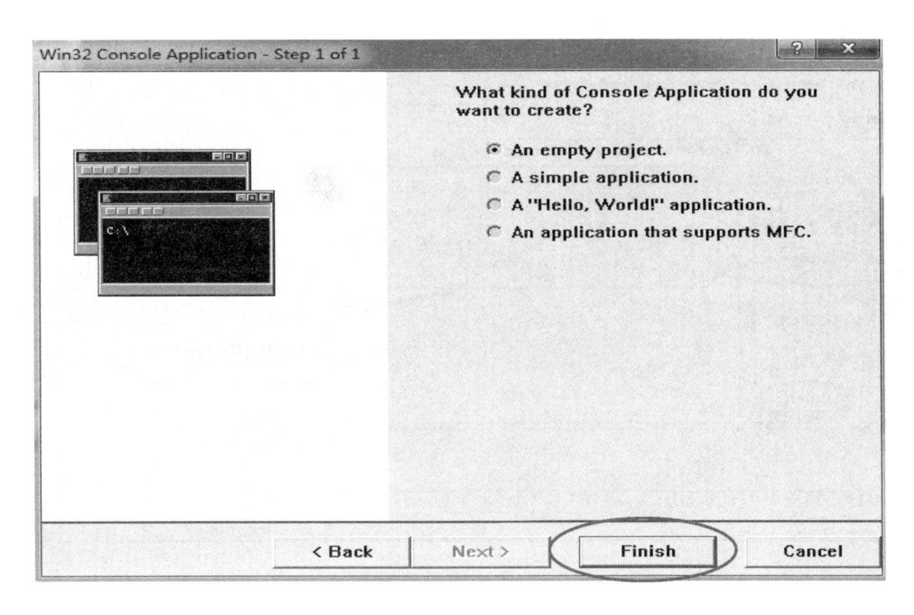

图 1-4　工程建立完成

3）在已建工程下，新建 C 源文件。单击“File”→“New”命令，弹出图 1-5 所示的界面。在“Files”选项卡中选择“C++ Source File”选项，在“File”文本框中输入文件名称。单击“OK”按钮，新建的文件就会自动添加到已建工程中。

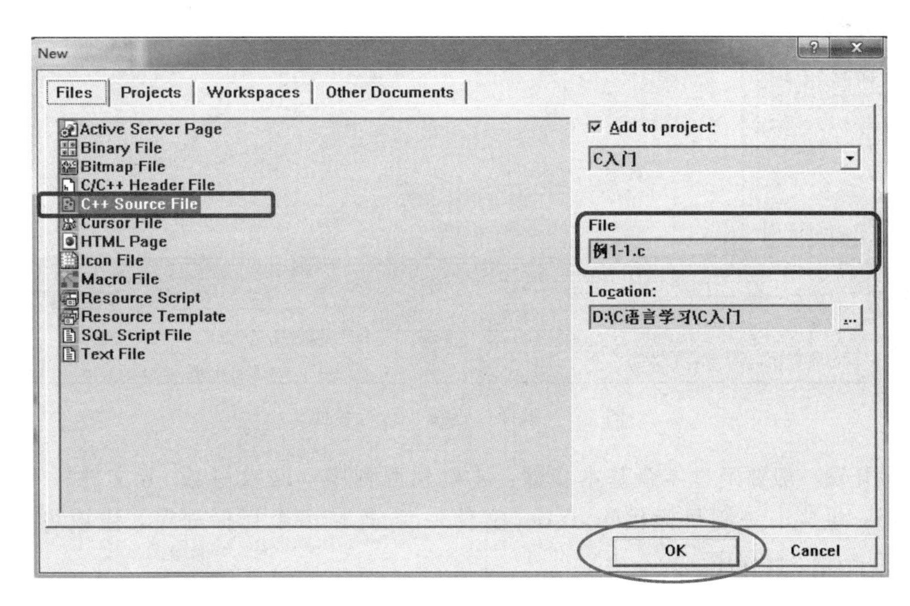

图 1-5　新建文件

4）在编辑窗口中，编辑程序源代码，如图 1-6 所示。

5）编译、连接、运行程序。依次单击工具栏中的“编译”按钮、“连接”按钮、“运行”按钮，如图 1-7 所示。在编译、连接过程中，要根据编译、连接的结果及错误提示，进行程序测试及修改。

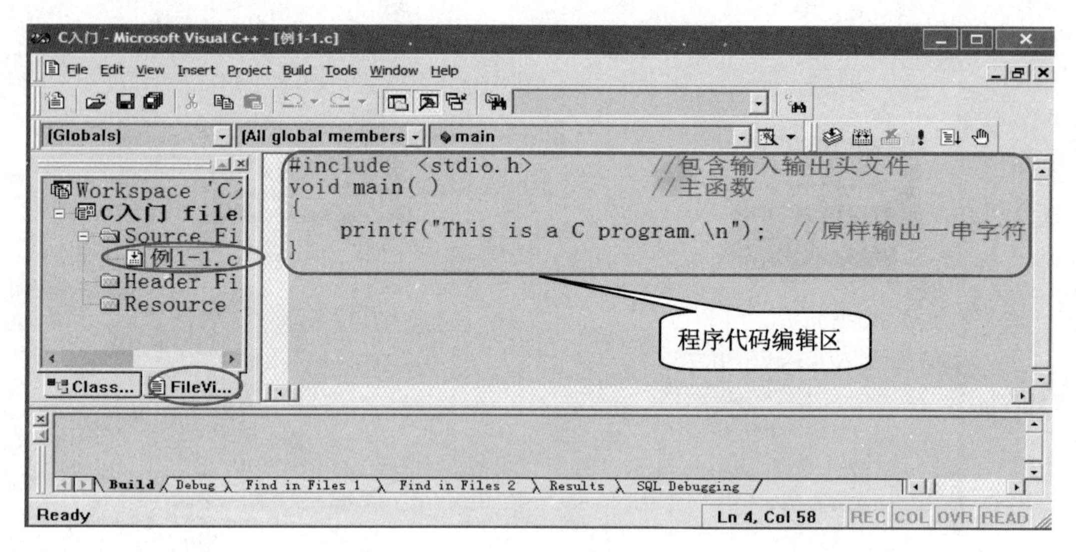

图 1-6　程序代码编辑界面

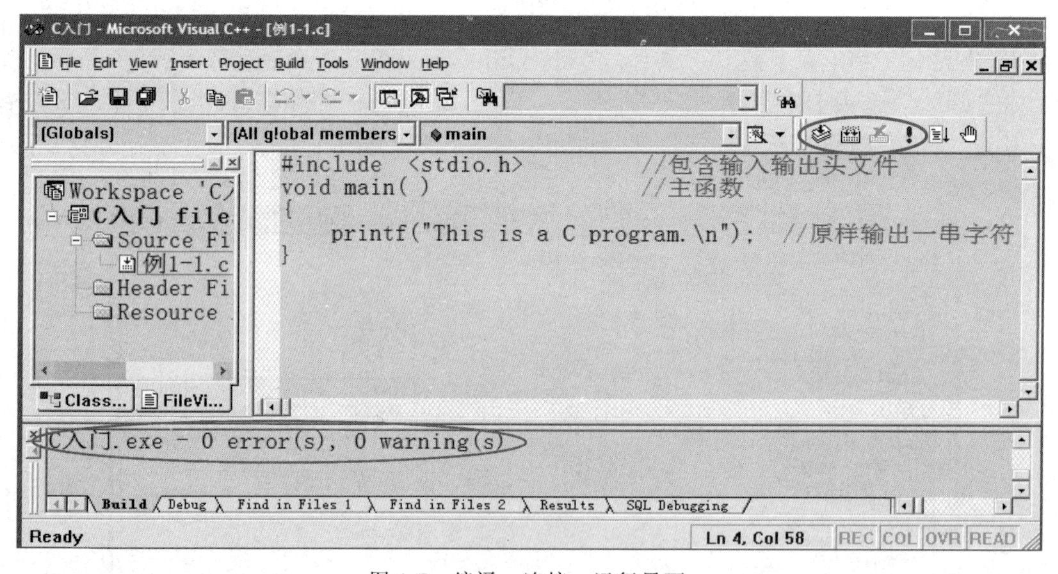

图 1-7　编译、连接、运行界面

C程序开发一般要经过4个基本步骤：①编辑源程序（.c文件或.h文件）；②对源程序进行编译，生成二进制目标代码（.obj文件）；③连接多个目标程序，生成可执行文件（.exe文件）；④运行程序。

1.3　数据类型

在各种数据运算过程中，都需要对数据进行操作。在程序设计中，要指定数据的类型和数据的组织形式，即指定数据结构。所谓数据类型是按数据的性质、表示形式、占据存储空间的大小、构造特点来划分的。在C语言中，数据类型可分为基本类型、构造类型、指针类型和空类型 4 大类，如图 1-8 所示。

在程序中对用到的所有数据都必须指定其数据类型。数据有常量与变量之分，例如整型数据包括整型常量和整型变量。

利用以上数据类型还可以构成更复杂的数据结构，例如利用指针和结构体类型可以构成表、树、栈等复杂的数据结构。本节主要介绍基本数据类型。

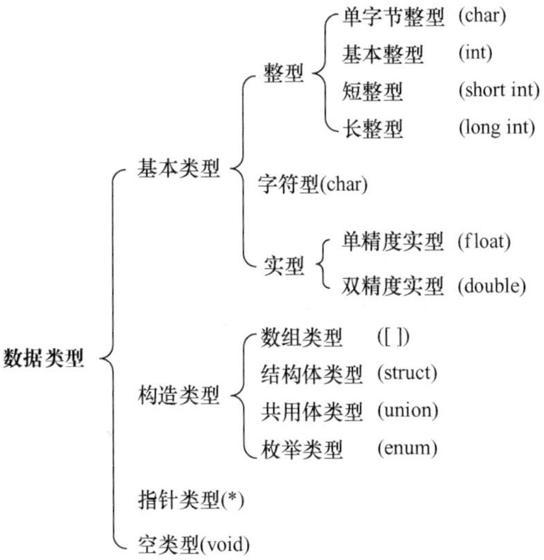

- 数据类型
  - 基本类型
    - 整型
      - 单字节整型 (char)
      - 基本整型 (int)
      - 短整型 (short int)
      - 长整型 (long int)
    - 字符型(char)
    - 实型
      - 单精度实型 (float)
      - 双精度实型 (double)
  - 构造类型
    - 数组类型 ([ ])
    - 结构体类型 (struct)
    - 共用体类型 (union)
    - 枚举类型 (enum)
  - 指针类型(*)
  - 空类型(void)

图 1-8　C 语言的数据类型

1.3.1　常量与变量

1. 常量

在程序执行过程中，其值不发生改变的量称为常量。根据书写方式，常量可分为直接常量和符号常量。

1）直接常量：从字面形式上可以判别数据类型的常量。如整型常量：12、0、－3；实型常量：4.6、－1.23；字符常量：'a'、'b'；字符串常量："CHINA"、"123"。

2）符号常量：用标示符代表一个常量。符号常量在使用之前必须先定义，其定义形式为：　　**＃define 标识符 常量**

其中，＃define 是一条“宏定义”预处理命令（在 2.6 节将详细介绍），其功能是把该标识符定义为其后的常量值，在程序中所有出现该标识符的地方均代表该常量值。

【例 1.5】 符号常量的使用。

```
#include <stdio.h>                  //包含输入输出头文件
#define PRICE   50                  //宏定义价格符号常量,用 PRICE 代表 50
void main( )
{
    int num,total;                      //定义数量和总价变量
    num=20;                             //给变量赋初值
    total=num * PRICE;                  //计算总价
    printf("total=%d\n",total);         //输出总价
}
```

运行结果：`total=1000`

说明：

1）**标识符**是用来标识变量名、符号常量名、函数名、数组名、类型名、文件名的有效字符序列。简单地说，标识符就是一个名字。**C 语言规定标识符只能由字母、数字、下划线 3 种字符组成，且第一个字符必须是字母或下划线**。用户定义的标识符不能与系统提供的关键字同名（参见附录 B），如 int、void 等都不能作为用户标识符。另外，标识符区分大小写，如 Sum 和 sum 是两个不同的标识符。

2）定义符号常量名时应考虑“见名知意”，以提高程序的可读性，如例 1.5 中的符号常量“PRICE”表示价格。使用符号常量可便于程序的维护，做到“一改全改”，如例 1.5 中的价格发生变化时，只需修改符号常量的定义即可，而程序的其他代码无须改动。

2. 变量

在程序执行过程中，其值可以改变的量称为变量。变量必须**“先定义，后使用”**，定义变量时需要指定该变量的类型和变量名。定义变量后，编译系统为每个变量名分配对应的内存地址，即一个变量名对应一个存储单元。从变量中取值，实际上是通过变量名找到相应的内存地址，从该存储单元中读取数据。变量名和变量值是两个不同的概念，应加以区分，如图 1-9 所示。

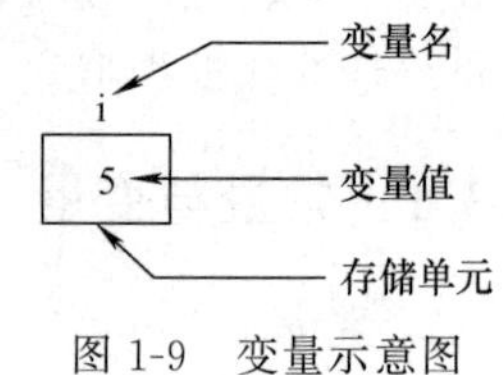

图 1-9　变量示意图

1.3.2　整型数据

1. 整型常量

整型常量即整型常数。在C语言中，整型常数有十进制、八进制、十六进制 3 种表示形式。

1）十进制整数，如 123、－456、7。

2）八进制整数，以 0 开头的数是八进制数，如 0123 表示八进制数 123，即$(123)_8=1\times 8^2+2\times 8^1+3\times 8^0=(83)_{10}$。

3）十六进制整数，以 0x 开头的数是十六进制数，如 0x123 表示十六进制数 123，即$(123)_{16}=1\times 16^2+2\times 16^1+3\times 16^0=(291)_{10}$。

2. 整型变量

（1）**整型变量的分类**　根据数值的范围，有 4 类整型变量：①单字节整型（char）；②基本整型（int）；③短整型（short int 或 short）；④长整型（long int 或 long）。

根据数值是否有正、负区分，整型变量又分为有符号数（signed）和无符号数（unsigned）。归纳起来，共有 8 种整型变量，其对应的数值范围如表 1-1 所示。

表 1-1　整型变量的类型及数值范围

类　型	类型标识符	VC++ 6.0 开发系统		嵌入式开发系统	
		占用字节数	数值范围	占用字节数	数值范围
无符号单字节整型	unsigned char	1	$0\sim 2^8-1$	1	$0\sim 2^8-1$
有符号单字节整型	[signed] char		$-2^7\sim 2^7-1$		$-2^7\sim 2^7-1$
无符号基本整型	unsigned int	4	$0\sim 2^{32}-1$	2	$0\sim 2^{16}-1$
有符号基本整型	[signed] int		$-2^{31}\sim 2^{31}-1$		$-2^{15}\sim 2^{15}-1$
无符号短整型	unsigned short [int]	2	$0\sim 2^{16}-1$	2	$0\sim 2^{16}-1$
有符号短整型	[signed] short [int]		$-2^{15}\sim 2^{15}-1$		$-2^{15}\sim 2^{15}-1$
无符号长整型	unsigned long [int]	8	$0\sim 2^{64}-1$	4	$0\sim 2^{32}-1$
有符号长整型	[signed] long [int]		$-2^{63}\sim 2^{63}-1$		$-2^{31}\sim 2^{31}-1$

说明：1. 上面的方括号表示其中的内容是可选的，可有可无
2. 对于单字节整型变量，参见 1.3.3 节“字符型数据”
3. 嵌入式开发系统是指用于开发嵌入式软件的系统，如 Keil、IAR 等
4. 在一个整型常量后面加一个字母 l 或 L，则认为是 long int 型常量，例如 123L、0L

（2）**整型变量在内存中的存放形式**　数据在内存中是以二进制形式存放的。其中，单字节整型数据的二进制、十六进制和十进制之间的对应关系如表 1-2 所示。

表 1-2　单字节整型数据的二进制、十六进制和十进制之间的对应关系

二进制	十六进制	十进制	
		无符号	有符号
0000 0000	0x00	0	0
0000 0001	0x01	1	1
0000 0010	0x02	2	2
0000 0011	0x03	3	3
⋮			
0111 1110	0x7e	126	126
0111 1111	0x7f	127	127
1000 0000	**0x80**	**128**	**−128**
1000 0001	0x81	129	−127
1000 0010	0x82	130	−126
⋮			
1111 1101	0xfd	253	−3
1111 1110	0xfe	254	−2
1111 1111	0xff	255	−1

实际上，数值在计算机系统（包括嵌入式系统）内存中是以补码形式存放的。对于有符号的整数：正数的补码与原码相同；负数的补码＝2^n－负数的绝对值，其中 n 是二进制位数。例如 8 位二进制整数，$[-1]_{补}=2^8-|-1|=$0xff，$[-128]_{补}=2^8-|-128|=$0x80。

从表 1-2 中可以看出，对于有符号的单字节整型数据，0～127 对应的二进制数**最高位为 0，表示为正数**；－1～－128 对应的二进制数**最高位为 1，表示为负数**。

（3）**定义整型变量的方法**

1）若定义一个变量，定义格式为：　**类型标识符　变量名；**

例如：int　i；　　　　　　　//定义有符号基本整型变量 i

　　　unsigned int　j；　　　//定义无符号基本整型变量 j

2）若同时定义多个同类型的变量，定义格式如下：

　　类型标识符　变量名 1，变量名 2，变量名 3，…；

例如：int　i，j，k；　　　　//同时定义 3 个基本整型变量 i、j、k

3）定义变量后，系统将根据变量类型给变量分配对应大小的内存空间，用于存储该变量。例如：定义短整型变量 i，然后对其赋值。

```
short int  i;          //定义短整型变量 i
i=10;                  //给变量 i 赋值
```

计算机系统为变量 i 分配 2 个字节的内存空间，以二进制的形式存放其值：

0	0	0	0	0	0	0	0	0	0	0	0	1	0	1	0

1.3.3 字符型数据

1. 字符常量

在C语言中，字符常量是用一对单撇号括起来的一个字符，如'a'、'A'、'b'、'='、'+'、'?'等都是字符常量。

除了以上形式的字符常量外，C语言还有一种特殊形式的字符常量，就是以一个字符“\”开头的字符序列，意思是将反斜杠“\”后面的字符转换成为另外的含义，称为“**转义字符**”。常用的转义字符及其含义如表1-3所示。

表1-3 常用的转义字符及其含义

转义字符	含 义	ASCII 码
\n	换行，将当前位置移到下一行开头	10
\t	横向跳到下一 Tab 位置	9
\b	退格，将当前位置移到前一列	8
\r	回车，将当前位置移到本行开头（不换行）	13
\f	换页，将当前位置移到下页开头	12
\\	代表反斜线符“\”	92
\'	代表单撇号字符	39
\"	代表双撇号字符	34
\ddd	1～3位八进制ASCII码所代表的字符（ddd表示八进制的ASCII码）	
\xhh	1～2位十六进制ASCII码所代表的字符（hh表示十六进制的ASCII码）	

例如：'\101'表示ASCII码为八进制数101的字符'A'，八进制数101相当于十进制数65；'\x42'表示ASCII码为十六进制数42的字符'B'，十六进制数42相当于十进制数66。

2. 字符变量

字符变量用来存放字符，并且**只能存放一个字符**，而不可以存放由若干个字符组成的字符串。

字符变量的类型标识符是**char**。定义字符变量的格式与整型变量相同，例如：

```
char c1,c2;        //定义字符型变量 c1、c2
c1='a';c2='b';     //给变量 c1 赋值'a'，变量 c2 赋值'b'
```

3. 字符型数据在内存中的存储形式及使用方法

在所有的编译系统中都规定**一个字符变量在内存中占一个字节**。

将一个字符常量赋给一个字符变量，实际上并不是把字符本身放到内存单元中去，而是将该字符对应的ASCII码放到存储单元中。例如字符'a'的ASCII码为十进制97，'b'的ASCII码为十进制98，它们在内存中实际上是以二进制形式存放的，如图1-10所示。

字符型数据在内存中以ASCII码形式存储，其存储形式与单字节整型数据的存储形式相同。因此，**字符型可以当作单字节整型**。

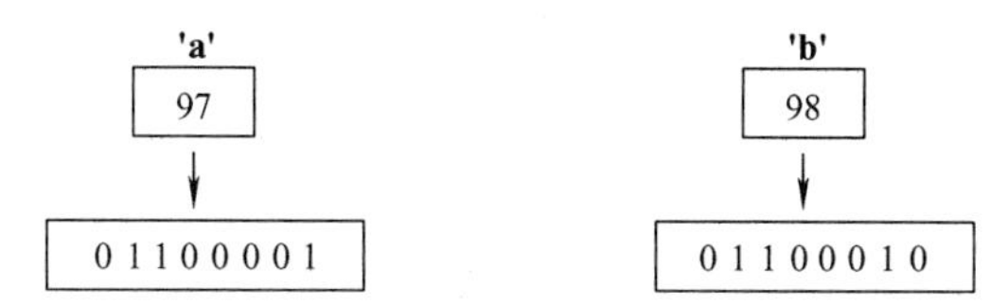

图 1-10　字符型数据在内存中的存储形式

【例 1.6】 向字符变量赋整数。

```
#include <stdio.h>
void main( )
{
    char c1;                  //定义字符型变量
    c1=97;                    //给变量 c1 赋整数(将 ASCII 码值 97 赋给变量 c1)
    printf("%c\n",c1);        //以字符形式输出变量 c1 的值(ASCII 码值对应的字符)
    printf("%d\n",c1);        //以整数形式输出变量 c1 的值(字符对应的 ASCII 码)
}
```

运行结果：

```
a
97
```

【思考与实验】

只将程序中的“c1=97;”改为“c1='a';”，运行结果如何？

【例 1.7】 大小写字母的转换。

```
#include <stdio.h>
void main( )
{
    char c1,c2;               //定义字符型变量
    c1='a';  c2='b';          //给变量 c1、c2 赋初值
    c1=c1-32;                 //将 c1 字符对应的 ASCII 码值减去 32 后，赋给变量 c1
    c2=c2-32;                 //将 c2 字符对应的 ASCII 码值减去 32 后，赋给变量 c2
    printf("%c\n",c1);        //以字符形式输出变量 c1 的值(ASCII 码值对应的字符)
    printf("%c\n",c2);        //以字符形式输出变量 c2 的值(ASCII 码值对应的字符)
}
```

运行结果：

```
A
B
```

4. 字符串常量

字符串常量是由一对双撇号括起来的字符序列，例如"CHINA"、"C program" 、"a"、"$12.5" 等都是合法的字符串常量。

字符串常量和字符常量是不同的量，它们之间主要有以下区别：

1）字符常量是由单撇号括起来，而字符串常量是由双撇号括起来。

2）字符常量只能是一个字符，而字符串常量则可以含一个或多个字符。

3）可以把一个字符常量赋予一个字符变量，但不能把一个字符串常量赋予一个字符变量。在C语言中没有专门的字符串变量，但是可以用一个字符数组来存放一个字符串常量，这将在3.3节中介绍。

4）字符常量占用一个字节空间，而字符串常量占用的字节数取决于串中字符的个数。下面以"CHINA" 为例说明字符串常量占用的字节数，"CHINA" 在内存中的存储情况如下：

C	H	I	N	A	\0

字符串末尾的'\0'是系统自动加上去的，是“字符串结束标志”。'\0'的ASCII码为0，表示空操作字符，既不引起任何控制动作，也不是一个可显示的字符。

因此，字符串常量"CHINA" 在内存中占用6个字节。

【思考】 字符常量'a'和字符串常量"a" 有何区别？

1.3.4 实型数据

1. 实型常量

实型常量也称实数，在C语言中，实数有两种表示形式：

1）十进制小数形式，它由数字和小数点组成（**注意必须要有小数点**），如0.123、123.、123.0、0.0都是十进制小数形式。

2）指数形式，如123e3或123E3都代表123×10^3。要注意字母e（或E）之前必须要有数字，且e后面的指数必须为整数，如e2、4e2.5、.e3、e都不是合法的指数形式。

一个实数可以有多种指数表示形式，例如123.456可以表示为123.456e0、12.3456e1、1.23456e2、0.123456e3、0.0123456e4、1234.56e-1、12345.6e-2等形式，其中1.23456e2称为“规范化的指数形式”，即在字母e（或E）之前的小数部分中，小数点前有且只有一位非零数字。在程序中以指数形式输出一个实数时，会以规范化的指数形式输出。

可见，在实数123.456的多种指数表示形式中，小数点的位置是可以在123456几个数字之间、之前或之后（加0）浮动的，只要在小数点位置浮动的同时改变指数的值，就可以保证它的值不会改变。由于小数点的位置可以浮动，因此实数的指数形式又称为**浮点数**。

2. 实型变量

实型变量的类型主要有**单精度**（float）型和**双精度**（double）型。在VC＋＋ 6.0中有关实型的数据如表1-4所示。

表1-4 实型数据的类型及数值范围

类型标识符	字节数	有效数字位数	数值范围
float	4	6	$-3.4\times10^{-38}\sim3.4\times10^{38}$
double	8	15	$-1.7\times10^{-308}\sim1.7\times10^{308}$

【例1.8】 实型变量的定义和输出。

```
#include <stdio.h>
void main( )
{
```

```
    float x;                //定义实型变量 x
    x=12.3;                 //将实型常数 12.3 赋给变量 x
    printf("%f\n",x);       //以实数格式输出变量 x 的数值
    printf("%e\n",x);       //以指数格式输出变量 x 的数值
}
```

运行结果：

```
12.300000
1.230000e+001
```

编译后，会出现警告：warning C4305：'=' ：truncation from 'const double ' to 'float '。原因是：VC 编译系统将实型常数作为双精度 double 型来处理。

1.3.5　变量的初始化

C 语言允许在定义变量的同时，对变量赋初值，即变量的初始化，例如：

```
int a=3;            //定义整型变量 a,并赋初值 3
float b=1.23;       //定义实型变量 b,并赋初值 1.23
char c= 'a';        //定义字符型变量 c,并赋初值'a'
```

当一次定义同类型的多个变量时，可以给全部变量或部分变量赋初值，例如：

```
int a,b,c=5;        //定义 a、b、c 三个整型变量,只给 c 赋初值 5
int a=1,b=2,c=3;    //定义 a、b、c 三个整型变量,并赋不同的初值
int a=3,b=3,c=3;    //定义 a、b、c 三个整型变量,并赋相同的初值 3
```

对三个变量赋相同的初值 3 时，但不能写成：

```
int a=b=c=3;
```

1.4　运算符及表达式

C 语言运算符有以下几类：

(1) 算术运算符　　+　-　*　/　%　++　--

(2) 关系运算符　　＞　＜　＝＝　＞＝　＜＝　！＝

(3) 逻辑运算符　　&&　||　!

(4) 位运算符　　&　|　^　~　＜＜　＞＞

(5) 赋值运算符　　=及其扩展赋值运算符

(6) 条件运算符　　?:

(7) 逗号运算符　　,

(8) 指针运算符　　*　&

(9) 求字节数运算符　　sizeof

(10) 强制类型转换运算符　　(类型)

(11) 分量运算符　　.　-＞

(12) 下标运算符　　[ ]

(13) 其他　　如函数调用运算符 ( ) 等

本节只介绍算术运算符、赋值运算符、强制类型转换运算符、逗号运算符、位运算符，

其他运算符在后续章节中介绍。

1.4.1 算术运算符及其表达式

1. 基本的算术运算符

(1) ＋　加法运算符，或正值运算符，如2＋3、＋5。

(2) －　减法运算符，或负值运算符，如7－2、－4。

(3) *　乘法运算符，如2*3。

(4) /　除法运算符，如5/2。

(5)%　模运算符，或称**求余**运算符，%两侧均应为**整型数据**，如5%2的值为1。

说明：

1) 两个整数相除的结果为整数，如5/2的结果为2，舍去小数部分；再如2/4的结果为0，－5/2的结果为－2。

2) 若参与＋、－、*、/运算的两个数中有一个数为实数，则运算结果为double型。

【例1.9】 将两位十进制数的十位数和个位数分离。

```
#include <stdio.h>
void main( )
{
    int a=23,b,c;                  //定义a、b、c三个变量,并对变量a赋初值
    b=a/10;                        //求变量a的十位数字
    c=a%10;                        //求变量a的个位数字
    printf("a=%d\n",a);            //输出变量a的值
    printf("十位=%d\n",b);         //输出变量a对应的十位数字
    printf("个位=%d\n",c);         //输出变量a对应的个位数字
}
```

运行结果：

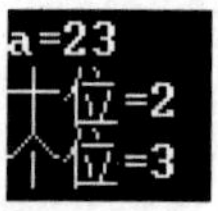

```
a=23
十位=2
个位=3
```

【思考与实验】

(1) 将三位十进制整数的百位、十位、个位分离。

(2) 将unsigned short int型数据的高字节和低字节分离。例如十进制300（0x012c）占用了两个字节，在内存中的存储如图1-11所示，如何将高字节0x01与低字节0x2c分离出来？此类问题在嵌入式软件设计中经常遇到。

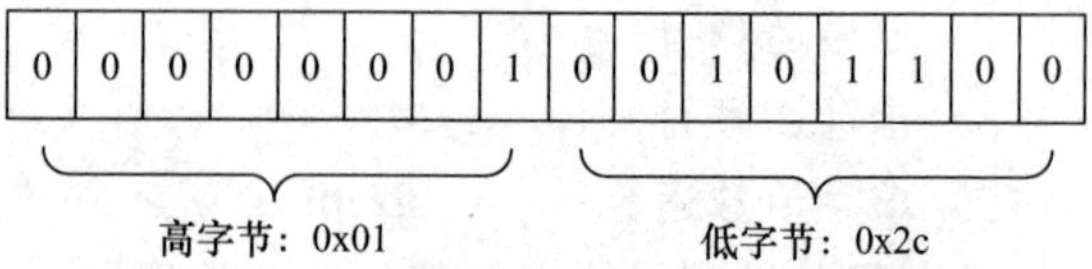

0	0	0	0	0	0	0	1	0	0	1	0	1	1	0	0

高字节：0x01　　低字节：0x2c

图1-11　十进制300在内存中的存储形式

2. 自增、自减运算符

自增运算符：记为“＋＋”，使变量的值自增1，相当于i＝i＋1。

自减运算符：记为“－－”，使变量的值自减1，相当于i＝i－1。

具体而言，有以下4种形式的表达式：

i++　　表达式先用 i 的值，然后对 i 的值加 1　　　　（先用后加）
++i　　先对 i 的值加 1，然后表达式用 i 加 1 的值　　（先加后用）
i--　　表达式先用 i 的值，然后对 i 的值减 1　　　　（先用后减）
--i　　先对 i 的值减 1，然后表达式用 i 减 1 的值　　（先减后用）

【例 1.10】 自增、自减运算符。

```
#include <stdio.h>
void main( )
{
    int i,j,k,x;                //定义变量 i、j、k、x
    i=j=k=x=3;                  //变量 i、j、k、x 赋相同的值
    printf("%d\t",i++);   printf("i=%d\n",i);
    printf("%d\t",++j);   printf("j=%d\n",j);
    printf("%d\t",k--);   printf("k=%d\n",k);
    printf("%d\t",--x);   printf("x=%d\n",x);
}
```

运行结果：

```
3       i=4
4       j=4
3       k=2
2       x=2
```

从例 1.10 可以看出，由自增或自减运算符构成不同形式的表达式时，对变量而言，自增 1 或自减 1 都具有相同的效果，但对表达式而言却有着不同的值。

说明：

1）自增、自减运算符只能用于变量，不能用于常量或表达式，如 5++或（a+b）++都是不合法的。

2）自增、自减运算符常用在循环语句中，使循环变量自动加 1、减 1；也常用于指针变量，使指针指向下一个地址，这将在后续章节中介绍。

3. 算术表达式和运算符的优先级与结合性

用算术运算符和括号将运算对象连接起来的、符合 C 语法规则的式子，称为 C 算术表达式，运算对象包括常量、变量、函数等，例如 a+b*c-5/2+'a'。

C 语言规定了运算符的优先级和结合性。在表达式求值时，先按运算符的优先级高低次序执行。例如先乘除后加减，如表达式 x-y*z 相当于 x-(y*z)。如果在一个运算对象两侧的运算符的优先级相同，如 a+b-c，则按照 C 语言规定的运算符的 **“结合方向（结合性）”** 处理。算术运算符的结合方向为 **“自左向右（左结合性）”**，即先左后右，因此表达式 a+b-c 相当于（a+b）-c。

附录 C 给出了 C 语言运算符的优先级和结合性，供读者查询参考。

4. 各类数值型数据间的混合运算

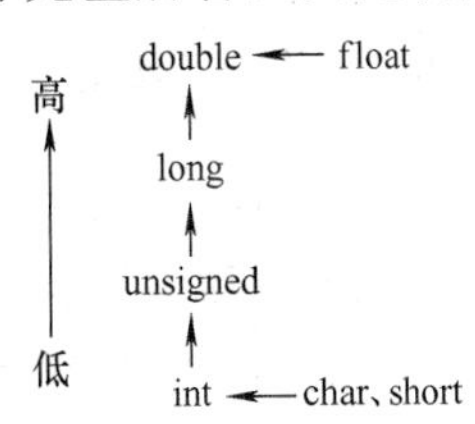

图 1-12　数据混合运算转换规则

整型、字符型、实型数据之间可以混合运算，例如 3+'a'+2.1-12.345 是合法的。在进行运算时，系统会首先按照图 1-12 所示的转换

规则，自动地将不同类型的数据转换成同一类型，然后进行运算。

图1-12中横向向左的箭头表示必定的转换，如char型先必定转换为int型，short型转换为int型，float型转换为double型。

纵向的箭头表示当运算对象为不同类型时转换的方向，需要注意的是：箭头方向只表示数据类型级别的高低，由低向高转换。不要理解成int型先转换为unsigned int型，再转换成long型，最后转换成double型。当一个int型数据与一个double型数据进行运算时，系统是直接将int型转换成double型的。

例如：5+'a'，在计算过程中，计算机系统会自动将字符'a'转换为整数97，运算结果为102。

5. 强制类型转换运算符

可以利用强制类型转换运算符将一个表达式转换成所需要的类型，其一般形式如下：

(类型标识符)(表达式)

例如：(int) i　　　　将i转换为整型

(float)(x+y)　　将x+y的结果转换为float型

(int)x+y　　　　将x转换成整型后，再与y相加

【例1.11】 强制类型转换。

```
#include <stdio.h>
void main( )
{
    int i;                              //定义整型变量i
    float x=2.4;                        //定义实型变量x,并赋初值
    i=(int)x;                           //将实型变量x强制转换为int型
    printf("x=%f,i=%d\n",x,i);          //输出变量x和i的值
}
```

运行结果：`x=2.400000,i=2`

【思考与总结】 数值类型转换有几种方式？

数值类型转换有两种方式：

1）系统自动进行的类型转换，如2+3.5，系统自动将整数2转换为实型。

2）强制类型转换。当自动类型转换不能满足需要时，可用强制类型转换。如%运算符要求其两侧均为整型量，若i为float型，则i%3不合法，必须用（int)x%3。C规定强制类型转换运算优先于%运算，因此先进行（int)x的运算，然后再进行取余运算。另外，在函数调用时，有时为了使实参和形参类型一致，也需要用强制类型转换运算符进行转换。

1.4.2 赋值运算符及其表达式

1. 简单赋值运算符及其表达式

由简单赋值运算符“=”将一个变量和一个表达式连接起来的式子称为赋值表达式，其一般形式为：　**变量=表达式**

其功能：将表达式的值赋给左边的变量。

如：a=5、a=3*5、i=a+b都是赋值表达式。一个表达式应该有一个值，例如赋值表

达式 a=5 的值是 5，执行赋值运算后，变量 a 的值也是 5。

赋值表达式中的“表达式”，又可以是一个赋值表达式。例如 a=(b=5)，括号内的b=5 是一个赋值表达式，它的值等于 5，因此执行赋值运算后，整个赋值表达式 a=(b=5) 的值是 5，a 的值也是 5。C 语言规定，**赋值运算符的结合顺序是“自右向左”**，因此a=(b=5) 与 a=b=5 等价。

【思考与实验】 分析下面各赋值表达式变量 a 的值。

a=b=c=3

a=5+(c=7)

a=(b=2)+(c=5)

a=(b=6)/(c=2)

2. 复合的赋值运算符及其表达式

在简单赋值运算符“=”之前加上其他运算符（+、-、*、/、%、≪、≫、&、^、| 等），可构成复合的赋值运算符。例如：

a+=3	等价于 a=a+3
a-=3	等价于 a=a-3
a*=3	等价于 a=a*3
a/=3	等价于 a=a/3
a%=3	等价于 a=a%3
a*=b+2	等价于 a=a*(b+2)

下面以“a*=b+2”为例，说明复合赋值表达式的执行过程：

①a*=b+2　（其中 a 为变量，b+2 为表达式）

②a*=b+2　（将“a*”移到“=”右侧）

③a=a*(b+2)（在“=”左侧补上变量名 a）

C 语言采用复合赋值运算符，可以简化程序，提高编译效率并产生质量较高的目标代码，这在单片机与嵌入式系统软件设计中很实用。

3. 类型转换

如果赋值运算符“=”两侧的数据类型不一致，但同为数值型数据，在赋值时，系统会自动进行类型转换。下面以整型为例，说明 4 种常见情况。

(1) 将无符号整型数据赋给有符号整型变量

【例 1.12】

```
#include <stdio.h>
void main( )
{
    unsigned char a=255;
    signed  char b;
    b=a;
    printf("a=%d\n",a);
```

```
    printf("b=%d\n",b);
}
```

运行结果：
```
a=255
b=-1
```

(2) 将有符号整型数据赋给无符号整型变量

【例 1.13】

```
#include <stdio.h>
void main( )
{
    signed    char a=-1;
    unsigned  char b;
    b=a;
    printf("a=%d\n",a);
    printf("b=%d\n",b);
}
```

运行结果：
```
a=-1
b=255
```

由例 1.12、例 1.13 的运行结果可以看出，无符号整型与有符号整型之间相互赋值时容易出错，其原因是负数在内存中是以补码形式存储的，如－1 的补码是 255（0xff）。

(3) 将短字节整型数据赋给长字节整型变量

【例 1.14】

```
#include <stdio.h>
void main( )
{
    unsigned  char a=255;
    unsigned  int  b;
    b=a;
    printf("a=%d\n",a);
    printf("b=%d\n",b);
}
```

运行结果：
```
a=255
b=255
```

可见，将短字节整型数据赋给长字节整型变量时，不会出错。

(4) 将长字节整型数据赋给短字节整型变量

【例 1.15】

```
#include <stdio.h>
```

```
void main( )
{
    unsigned  char a=255,b=1;
    unsigned  char c;
    c=a+b;
    printf("a=%d\n",a);
    printf("b=%d\n",b);
    printf("c=%d\n",c);
}
```

运行结果：

```
a=255
b=1
c=0
```

单字节变量 a 与 b 相加等于 256，变成了两字节数据（0x0100），将其赋给单字节变量 c 时，只将 256 的低字节数据（0x00）赋给了变量 c，而高字节数据（0x01）被砍掉了。

为避免这种情况，可将变量 c 定义为 int 型，即把程序中的“unsigned char c;”改为“unsigned int c;”后重新运行程序，运行结果正常：

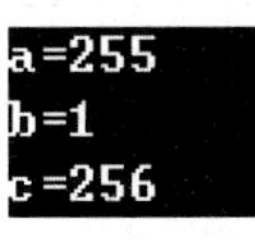

通过上面 4 种情况的讨论可以看出，在赋值运算中，需要为变量指定合适的类型，必要时还需要借助强制类型转换运算符，以防出错。

1.4.3 逗号运算符及其表达式

在 C 语言中，逗号“,”也是一种运算符，称为逗号运算符。其功能是将两个表达式连接起来组成一个表达式，称为逗号表达式。

其一般形式为：　**表达式 1，表达式 2**

例如：2+3，3+5

逗号运算的结合性是“从左至右”，因此逗号表达式的求解过程是：先求解表达式 1，再求解表达式 2。整个逗号表达式的值是表达式 2 的值。例如上面的逗号表达式“2+3，3+5”的值是 8。

又如表达式：a=2*3，a*5

在 C 语言中，**赋值运算符的优先级高于逗号运算符**（逗号运算符在所有运算符中，优先级最低）。因此，先求赋值表达式 a=2*3 的值，即等于 6，且 a 的值也是 6；然后再求表达式 a*5 的值，结果是 30，因此表达式“a=2*3，a*5”的值是 30。

【例 1.16】 逗号表达式。

```
#include <stdio.h>
void main( )
{
    int a,b;                    //定义变量 a、b
```

```
    b=(a=2*3,a*5);          //将逗号表达式的值赋给变量b
    printf("a=%d\n",a);     //输出变量a的值
    printf("b=%d\n",b);     //输出变量b的值
}
```

运行结果：

```
a=6
b=30
```

逗号表达式的扩展形式： **表达式1，表达式2，表达式3，…，表达式n**
整个逗号表达式的值等于最后一个表达式（表达式n）的值。

1.4.4 位运算符及其表达式

在单片机与嵌入式系统软件设计中，经常用到位运算符。所谓位运算符是指对二进制位的运算。C语言提供了表1-5所示的位运算符。

表1-5 位运算符及其含义

位运算符	含义	位运算符	含义
&	按位与	~	按位取反
|	按位或	<<	左移
∧	按位异或	>>	右移

说明：

1）位运算符中除“~”以外，均为二目运算符，即要求两侧各有一个运算量。

2）运算量只能是整型或字符型数据，不能是实型数据。

1.“按位与”运算符（&）

参与运算的两个数据，按二进制位进行“与”运算，即0&0=0、0&1=0、1&0=0、1&1=1。例如，0x23与0x45按位与：

```
     0 0 1 0 0 0 1 1    (0x23)
 &)  0 1 0 0 0 1 0 1    (0x45)
 ------------------------------
     0 0 0 0 0 0 0 1    (0x01)
```

特殊用途：“与0清零、与1保留”，即可以通过这种方式对数据的某些位进行清零，某些位保留不变。例如，将0x23的高4位清零，低4位保留不变。

```
     0 0 1 0 0 0 1 1    (0x23)
 &)  0 0 0 0 1 1 1 1    (0x0f)
 ------------------------------
     0 0 0 0 0 0 1 1    (0x03)
```

2.“按位或”运算符（|）

参与运算的两个数据，按二进制位进行“或”运算，即0|0=0、0|1=1、1|0=1、1|1=1。例如，0x23与0x45按位或：

```
     0 0 1 0 0 0 1 1    (0x23)
 |)  0 1 0 0 0 1 0 1    (0x45)
 ------------------------------
     0 1 1 0 0 1 1 1    (0x67)
```

特殊用途："或1置1、或0保留"，即可以通过这种方式对数据的某些位进行置1，某些位保留不变。例如，将0x23的高4位置1，低4位保留不变。

```
        0 0 1 0 0 0 1 1      (0x23)
  |)    1 1 1 1 0 0 0 0      (0xf0)
---------------------------------------
        1 1 1 1 0 0 1 1      (0xf3)
```

3．"按位异或"运算符（^）

参与运算的两个数据，按二进制位进行"异或"运算，两者相异为1，相同为0，即0 ^ 0=0、0 ^ 1=1、1 ^ 0=1、1 ^ 1=0。例如，0x23与0x45按位异或：

```
        0 0 1 0 0 0 1 1      (0x23)
  ^)    0 1 0 0 0 1 0 1      (0x45)
---------------------------------------
        0 1 1 0 0 1 1 0      (0x66)
```

特殊用途："异或1取反（0变1，1变0）、异或0保留"，即可以通过这种方式对数据的某些位进行取反，某些位保留不变。例如，将0x23的高4位取反，低4位保留不变。

```
        0 0 1 0 0 0 1 1      (0x23)
  ^)    1 1 1 1 0 0 0 0      (0xf0)
---------------------------------------
        1 1 0 1 0 0 1 1      (0xd3)
```

4．"按位取反"运算符（～）

用来对一个二进制数按位取反，即将0变1，将1变0。例如，将0x55按位取反：

```
        0 1 0 1 0 1 0 1      (0x55)
  ~)           ↓
---------------------------------------
        1 0 1 0 1 0 1 0      (0xaa)
```

【例1.17】 位运算符的使用。

```
#include <stdio.h>
void main( )
{
    unsigned char a,b,c,r1,r2,r3,r4;
    a=0x23;  b=0x45;  c=0x55;
    r1=a&b;
    r2=a|b;
    r3=a^b;
    r4=~c;
    //以十六进制形式输出变量的值
    printf("a=%x,b=%x,c=%x\n",a,b,c);
    printf("a&b=%x\n",r1);
    printf("a|b=%x\n",r2);
    printf("a^b=%x\n",r3);
    printf("~c=%x\n",r4);
}
```

运行结果：

```
a=23,b=45,c=55
a&b=1
a|b=67
a^b=66
~c=aa
```

由运行结果可以看出，3 个变量 a、b、c 的值在参与位运算的过程中并未发生改变。

5. “左移”运算符（＜＜）

用来将一个数的各二进制位全部左移若干位。例如 a＜＜3，表示将 a 的二进制数左移 3 位，高位溢出后丢弃，低位补 0，如图 1-13 所示。

6. “右移”运算符（＞＞）

用来将一个数的各二进制位全部右移若干位。例如 a＞＞3，表示将 a 的二进制数右移 3 位，低位溢出后丢弃，对于无符号数，高位补 0，如图 1-14 所示。

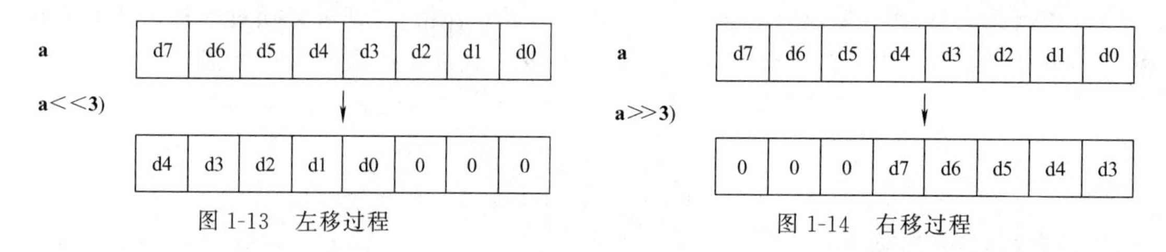

图 1-13　左移过程　　　图 1-14　右移过程

【例 1.18】 51 单片机控制流水灯。

51 单片机 P1 口控制的流水灯电路如图 1-15 所示，若要实现 LED 小灯自右至左依次点亮，51 单片机 P1 口的数据编码及对应的显示效果如表 1-6 所示。

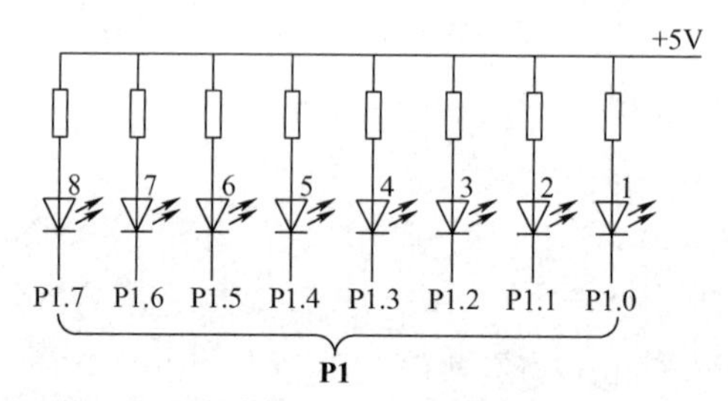

图 1-15　51 单片机 P1 口控制的流水灯电路

表 1-6　单片机控制流水灯 P1 口编码及对应的显示效果

P1.7	P1.6	P1.5	P1.4	P1.3	P1.2	P1.1	P1.0	P1 口编码	显示效果
1	1	1	1	1	1	1	1	0xff	全灭
1	1	1	1	1	1	1	0	0xfe	1 号灯亮
1	1	1	1	1	1	0	0	0xfc	1、2 号灯亮
1	1	1	1	1	0	0	0	0xf8	1、2、3 号灯亮
1	1	1	1	0	0	0	0	0xf0	1、2、3、4 号灯亮
1	1	1	0	0	0	0	0	0xe0	1、2、3、4、5 号灯亮
1	1	0	0	0	0	0	0	0xc0	1、2、3、4、5、6 号灯亮
1	0	0	0	0	0	0	0	0x80	1、2、3、4、5、6、7 号灯亮
0	0	0	0	0	0	0	0	0x00	全亮

由表 1-6 可以发现，将初值 0xff 进行左移即可实现对流水灯的控制，参考程序如下：

```
#include <reg52.h>                  //包含寄存器头文件
#define uchar unsigned char         //宏定义
#define uint  unsigned int          //宏定义
void delay(uint t)      //延时函数
{
    for(;t>0;t--);
}
void main( )
{
    uchar temp=0xff;
    while(1)
    {
        P1=temp<<1;   delay(10000);   //1 号灯亮
        P1=temp<<2;   delay(10000);   //1、2 号灯亮
        P1=temp<<3;   delay(10000);   //1、2、3 号灯亮
        P1=temp<<4;   delay(10000);   //1、2、3、4 号灯亮
        P1=temp<<5;   delay(10000);   //1、2、3、4、5 号灯亮
        P1=temp<<6;   delay(10000);   //1、2、3、4、5、6 号灯亮
        P1=temp<<7;   delay(10000);   //1、2、3、4、5、6、7 号灯亮
        P1=temp<<8;   delay(10000);   //全亮
        P1=temp;      delay(10000);   //全灭
    }
}
```

【思考与实验】

（1）若要实现 LED 小灯自左至右依次点亮，P1 口数据编码及程序如何修改?

（2）若要实现 LED 小灯自右至左轮流点亮，P1 口数据编码及程序如何修改?

练　习　题

一、选择题

1. 以下说法正确的是（　　）。

   A. C 语言程序总是从第一个函数开始执行

   B. 在 C 语言程序中，可以有多个 main 函数

   C. C 语言程序总是从 main 函数开始执行

   D. C 语言程序中的 main 函数必须放在程序的开始部分

2. C 语言中的基本数据类型包括（　　）。

A. 整型、实型、逻辑型　　　B. 整型、实型、字符型
C. 整型、字符型、逻辑型　　D. 字符型、实型、逻辑型

3. C语言中的标识符只能由字母、数字和下划线三种字符组成，且第一个字符（　　）。
A. 必须为字母　　　　　　　B. 必须为下划线
C. 必须为字母或下划线　　　D. 可以是字母、数字和下划线中任一字符

4. C语言中运算对象必须是整型的运算符是（　　）。
A. %　　　　B. /　　　　C. =　　　　D. ==

5. 若有定义“int a=7; float x=2.5, y=4.7;”，则表达式“x+a%3*(int)(x+y)%2/4”的值是（　　）。
A. 2.500000　　B. 2.750000　　C. 3.500000　　D. 0.000000

6. 设变量a是int型，f是float型，i是double型，则表达式“10+'a'+i*f”值的数据类型为（　　）。
A. int　　B. float　　C. double　　D. 不确定

7. 在C语言中，字符型数据在内存中的存储形式是（　　）。
A. 补码　　B. 反码　　C. 原码　　D. ASCII码

8. 已知“int a=6;”，则执行“a+=a-=a*a;”语句后，a的值为（　　）。
A. 36　　B. 0　　C. -24　　D. -60

9.（　　）是非法的C语言转义字符。
A. '\b'　　B. '\0xf'　　C. '\037'　　D. '\''

10. 对语句“f=((3.0, 4.0, 5.0), (2.0, 1.0, 0.0));”的判断中，（　　）是正确的。
A. 语法错误　　B. f为5.0　　C. f为0.0　　D. f为2.0

11. 在C语言中，数字0x29是一个（　　）。
A. 八进制数　　B. 十六进制数　C. 十进制数　　D. 非法数

二、写表达式题

12. 假设m是一个三位数，请写出将m的个位、十位、百位反序而成的三位数的C语言表达式，例如123反序为321。

13. 已知“int x=10, y=12;”，写出将x和y的值互相交换的表达式。

第 2 章　C 程序设计基础

【学习目标】

1. 理解 C 程序结构；
2. 熟悉 C 语句分类；
3. 掌握并应用数据输入输出函数调用语句；
4. 掌握顺序、选择、循环 3 种结构程序设计方法；
5. 掌握并应用预处理命令。

本章将在第 1 章的基础上学习 C 语句、3 种结构程序设计、预处理命令等程序设计基础知识。

从程序流程的角度来看，C 程序可分为 3 种基本结构，即顺序结构、选择结构和循环结构，这 3 种基本结构可以组成所有的各种复杂程序，C 语言提供了多种语句来实现这些程序结构。

2.1　C 语句

C 程序结构图如图 2-1 所示。

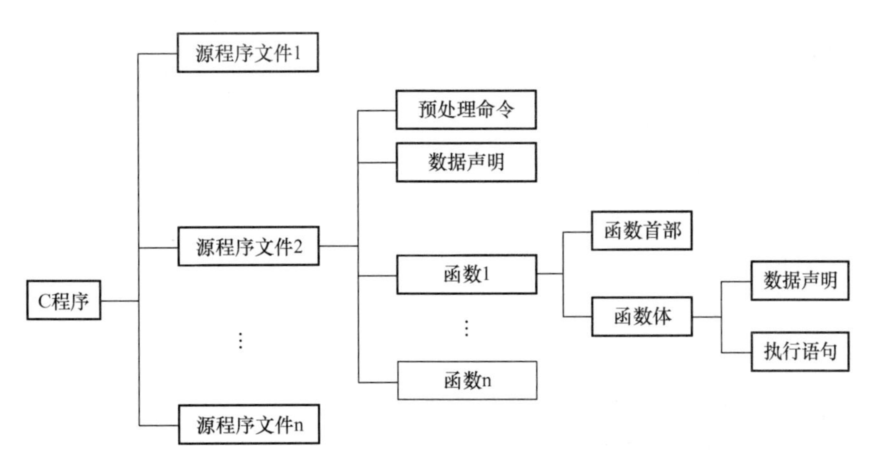

图 2-1　C 程序结构图

一个 C 程序包含若干个源程序文件（.c 文件、.h 文件等），一个源程序文件由预处理命令（包含文件、宏定义、条件编译等）、数据声明（全局变量、函数等声明）和若干个函数组成。函数由函数首部和函数体组成，而在函数体中主要的任务就是执行 C 语句。

2.1.1 C语句分类

C语句分为5类：表达式语句、函数调用语句、控制语句、复合语句和空语句。

1. 表达式语句

表达式语句由表达式加分号“;”组成。例如：

a=3　　赋值表达式

a=3;　　赋值语句

i++　　自增1表达式

i++;　　自增1语句

2. 函数调用语句

函数调用语句由函数调用加分号“;”组成。如：

例1.1中输入输出库函数调用语句：printf("This is a C program. \n");

例1.4中延时函数调用语句：delay( );

3. 控制语句

控制语句用于控制程序的流程，以实现程序的各种结构方式。C语言有9种控制语句，可分成以下3类：

1）条件语句：if语句、switch语句。

2）循环语句：while语句、do…while语句、for语句。

3）转向语句：break语句、continue语句、return语句、goto语句。

4. 复合语句

把多条语句用花括号括起来组成的一个语句，称为复合语句。如例1.4中的while(1)结构中的4条语句组成的while复合语句：

```
while(1)
{
    LED=0;
    delay( );
    LED=1;
    delay( );
}
```

说明：

1）复合语句内的各条语句都必须以分号“;”结尾。

2）复合语句中可以包含声明部分，如：

```
{
    int i=2,j=3,k;    //定义变量i、j、k
    k=i+j;
    …
}
```

5. 空语句

只有一个分号“;”的语句称为空语句，空语句是什么也不执行的语句。在程序中空语句可用作空循环体，例如下面的 for 循环体是空语句，表示什么都不做，仅实现倒计数，在单片机与嵌入式系统软件设计中常用作软件延时。

```
for(i=10000;i>0;i--)
{
    ;                //空语句
}
```

2.1.2 数据输入输出函数调用语句

1. 数据输入输出的概念及在C语言中的实现

1）所谓输入输出是相对计算机内存而言的。从计算机内存向输出设备（如显示器、打印机等）传送数据称为输出，从输入设备（如键盘、鼠标、扫描仪等）向计算机内存传送数据称为输入。

2）C语言本身不提供输入输出语句，输入和输出操作都是由C标准函数库来实现的。在C标准函数库中提供了一些输入输出函数，例如 printf 函数和 scanf 函数，因此使用输入输出函数进行数据输入输出的语句都是函数调用语句。

3）在使用C语言库函数时，要用预处理命令 #include 将有关的“头文件”包含到源文件中。使用标准输入输出库函数时要用到“stdio.h”文件，因此源文件开头应有预处理命令： **#include <stdio.h>** 或 **#include "stdio.h"**

stdio 是 standard input &output 的意思。

2. 字符输出函数——putchar( )

putchar 函数的功能是向显示器输出一个字符，其一般形式为： **putchar(c)**
其作用是向显示器输出字符变量 c 对应的字符。

【例 2.1】 输出一个字符。

```
#include <stdio.h>      //包含输入输出库函数头文件
void main( )
{
    char a,b,c;
    a='H';b='X';c='Y';
    putchar(a);putchar(b);putchar(c);putchar('\n');   //在屏幕上显示字符
}
```

运行结果：HXY

由例 2.1 可以看出，putchar 函数既可以输出能在屏幕上显示的字符，也可以输出转义字符，如 putchar('\n') 的作用是输出一个换行符。

【思考与实验】 将例 2.1 中最后一行代码改为：

```
putchar(a);putchar('\n');putchar(b);putchar('\n');putchar(c);putchar('\n');
```

运行结果将如何？

3. 字符输入函数——getchar( )

getchar 函数的功能是从键盘上输入一个字符，其一般形式为： **getchar( )**

通常把输入的字符赋予一个字符变量，构成赋值语句，如：

```
char c;
c=getchar( );
```

【例 2.2】 从键盘输入一个字符，并在屏幕上显示。

```
#include  <stdio.h>   //包含输入输出库函数头文件
void main( )
{
    char c;
    printf("请输入一个字符：");      //原样输出一串字符,增加人机互动性
    c=getchar( );                   //从键盘输入一个字符
    putchar(c);                     //在屏幕上显示输入的字符
    putchar('\n');                  //换行
}
```

运行结果：

```
请输入一个字符：a
a
```

说明：

1）getchar 函数只能接收一个字符，输入数字也按字符处理。输入多于一个字符时，计算机只接收第一个字符。

2）该程序还可进一步简化：

```
#include <stdio.h>   //包含输入输出库函数头文件
void main( )
{
    printf("请输入一个字符：");      //原样输出一串字符，增加人机互动性
    putchar(getchar( ));            //在屏幕上显示输入的字符
    putchar('\n');                  //换行
}
```

4. 格式输出函数—— printf( )

在前面已经多次使用的 printf 函数，其作用是向显示器输出若干个任意类型的数据，其一般形式为： **printf("格式控制字符串", 输出列表)**

例如：printf("%d,%c\n", i, c)

括号内包含以下两部分：

(1) 格式控制字符串 用于指定输出格式，它包含两种信息：

①格式字符串。格式字符串由“%”和格式字符组成，如%d、%c、%x 等，其作用是按照指定的格式将数据输出。printf 函数常用的格式字符如表 2-1 所示。

②非格式字符串。原样输出，在显示中起提示作用。

表 2-1　printf 函数常用的格式字符

格式字符	含　义	格式字符	含　义
d	以十进制形式输出带符号整数（正数不输出符号）	c	输出单个字符
u	以十进制形式输出无符号整数	s	输出字符串
o	以八进制形式输出无符号整数（不输出前缀 0）	f	以小数形式输出单、双精度实数，隐含输出 6 位小数
x 或 X	以十六进制形式输出无符号整数（不输出前缀 0x）	e 或 E	以指数形式输出实数

(2) 输出列表　输出列表是需要输出的一些数据，可以是表达式。多个数据之间要用逗号“,”隔开。

使用 printf 函数时，要求格式字符串和各输出项在数量和类型上应该一一对应。

【例 2.3】　printf 函数的使用：格式化输出数据。

```
#include <stdio.h>          //包含输入输出库函数头文件
void main( )
{
    int  a=5,b=-1;
    float  c=1.2;
    char  d='a';
    printf("a=%d,b=%d,c=%f,d=%c\n",a,b,c,d);//依次按指定的格式将多个数据输出
    printf("字母 a 的 ASCII 码:%d\n",d);  //以十进制格式输出字母 a 的 ASCII 码
    printf("字母 a 的 ASCII 码:%x\n",d);  //以十六进制格式输出字母 a 的 ASCII 码
    printf("输出字符串:%s\n","CHINA");  //输出字符串"CHINA"
}
```

运行结果：

```
a=5,b=-1,c=1.200000,d=a
字母a的ASCII码:97
字母a的ASCII码:61
输出字符串:CHINA
```

5. 格式输入函数——scanf ( )

scanf 函数称为格式输入函数，即按用户指定的格式从键盘把数据输入到指定的变量地址中，其一般形式为：　**scanf ("格式控制字符串", 地址列表)**

其中，“格式控制字符串”的作用与 printf 函数相似，如表 2-2 所示。地址列表是由若干个地址组成的列表，可以是变量的地址、数组的首地址、字符串的首地址。变量的地址是由地址运算符“&”后跟变量名组成的。多个地址之间要用逗号“,”隔开。

表 2-2　scanf 函数常用的格式字符

格式字符	含　义	格式字符	含　义
d	用来输入有符号的十进制整数	c	用来输入单个字符
u	用来输入无符号的十进制整数	s	用来输入字符串，将字符串送到一个字符数组中
o	用来输入无符号的八进制整数	f	用来输入实数，可以用小数形式或指数形式输入
x 或 X	用来输入无符号的十六进制整数	e 或 E	用来输入实数，以指数形式输入

【例 2.4】 用 scanf 函数输入多个数值数据。

```
#include<stdio.h>          //包含输入输出库函数头文件
void main( )
{
    int i,j;
    float k;
    printf("请输入两个整数和一个实数:\n");  //提示输入三个数据
    scanf("%d%d%f",&i,&j,&k);        //输入三个数据分别赋给变量i、j、k
    printf("%d,%d,%f\n",i,j,k);        //将变量i、j、k的数据输出
}
```

&i、&j、&k 中的“&”是“取地址运算符”，&i 表示变量 i 在内存中的地址。上面 scanf 的作用是将输入的 3 个数值数据依次存入变量 i、j、k 的地址中去。

说明：

1）用 scanf 函数一次输入多个数值或多个字符串时，在两个数据之间可用一个（或多个）空格、回车或＜Tab＞键作分隔。换言之，用 scanf 函数输入数据时，系统以空格、回车或＜Tab＞键作为一个数值或字符串的结束符。

例如，例 2.4 的运行情况：

①用空格作输入数据之间的分隔：

```
请输入两个整数和一个实数:
12 34 56.5
12,34,56.500000
```

②用回车作输入数据之间的分隔：

```
请输入两个整数和一个实数:
12
34
56.5
12,34,56.500000
```

③用＜Tab＞键作输入数据之间的分隔：

```
请输入两个整数和一个实数:
12      34      56.5
12,34,56.500000
```

注意：用"%d%d%f" 格式输入数据时，不能用逗号作输入数据间的分隔符。若实在想用逗号作输入数据间的分隔符，可改为"%d，%d，%f" 格式。

2）当用 scanf 函数输入数据的类型与格式字符指定的类型不一致时，系统认为该数据结束。

【例 2.5】 用 scanf 函数输入多个不同类型的数据。

```
#include<stdio.h>
void main( )
{
    int i;  char j;  float k;
    printf("请输入一个整数、一个字符和一个实数:\n");  //提示输入三个数据
    scanf("%d%c%f",&i,&j,&k);         //输入三个数据分别赋给变量i、j、k
    printf("%d,%c,%f\n",i,j,k);         //将变量i、j、k的数据输出
}
```

运行情况：

```
请输入一个整数、一个字符和 一个实数：
12a34.5
12,a,34.500000
```

3）用 scanf 函数输入字符时，系统将输入的空格、回车符作为有效字符。

【例 2.6】 用 scanf 函数输入多个字符。

```
#include<stdio.h>
void main( )
{
    char i,j,k;
    printf("请输入 3 个字符:\n");       //提示输入三个数据
    scanf("%c%c%c",&i,&j,&k);  //输入三个数据分别赋给变量 i、j、k
    printf("%c,%c,%c\n",i,j,k);     //将变量 i、j、k 的数据输出
}
```

运行情况：

```
请输入3个字符：
a b c
a, ,b
```

【例 2.7】 用 scanf 函数输入多个不同类型的数据。

```
#include<stdio.h>
void main( )
{
    int i;     char j;
    printf("请输入一个整数和一个字符:");        //提示输入两个数据
    scanf("%d%c",&i,&j);                    //输入两个数据分别赋给变量 i、j
    printf("%d,%c,%d\n",i,j,j);             //将变量 i、j 的数据输出
}
```

运行情况：

```
请输入一个整数和一个字符:123 a
123, ,32
```

输入数据时，预想将整数 123 赋给变量 i，将字符'a'赋给变量 j，但从运行情况看，字符'a'并未赋给变量 j，因为变量 j 对应字符的 ASCII 码是 32（空格），请读者思考原因。

2.2 算法及其表示方法

2.2.1 算法及流程图表示

1. 算法的概念

为解决问题而采用的方法和步骤称为**算法**。对于同一个问题可以有不同的算法，在程序设计中，应尽量选择占用内存小、执行速度快的算法。

2. 算法的特征

一个正确的算法，必须满足以下 5 个重要特征：

（1）有穷性 一个算法应包含有限的操作步骤，并且每个步骤都能在有限的时间内完成。

（2）确定性 算法中的每一个步骤都应该是确定的，而不应模糊和具有二义性，这就像到了十字路口，只能选择向其中的一个方向走。

（3）可行性 算法的每一个步骤都是切实可行的，即每一个操作都可以通过已经实现的基本操作运算有限次来实现。

（4）有输入 一个算法可有零个或多个输入。所谓输入是指算法从外界获取数据，可以从键盘输入数据，也可以从程序其他部分传递给算法数据。

（5）有输出 一个算法必须有一个或多个输出，即算法执行后必须要交代结果，结果可以显示在屏幕上，也可以将结果数据传递给程序的其他部分。

3. 算法的流程图表示

可以用不同的方法表示一个算法，常用的算法表示方法有自然语言描述法、流程图法、计算机语言描述法。在此，只介绍最常用的流程图法。所谓流程图法，是用一些图框表示各种操作，用箭头表示算法流程，该方法直观形象、容易理解。常用的流程图符号如表 2-3 所示。

表 2-3 常用的流程图符号

符　号	形　状	名　称	功　能
(圆角矩形符号)	圆角矩形	起止框	表示算法的起始和结束
(平行四边形符号)	平行四边形	输入输出框	表示一个算法输入和输出的操作
(矩形符号)	矩形	处理框	赋值、运算等操作处理
(菱形符号)	菱形	判断框	根据判断结果，选择不同的执行路径
→	带箭头的线段	流程线	表示流程的走向
○	圆圈	连接点	在圈内使用相同的字母或数字，将相互联系的多个流程图进行连接

流程图的具体使用方法将在后续章节中逐步介绍。

2.2.2 程序的三种基本结构

C 程序设计中，通常采用顺序结构、选择结构和循环结构三种程序结构。

1. 顺序结构

顺序结构是按照程序语句书写的顺序一步一步依次执行，这就像一个人顺着一条直路走下去，不回头不转弯，其流程如图 2-2 所示，先执行 A 语句，再执行 B 语句。

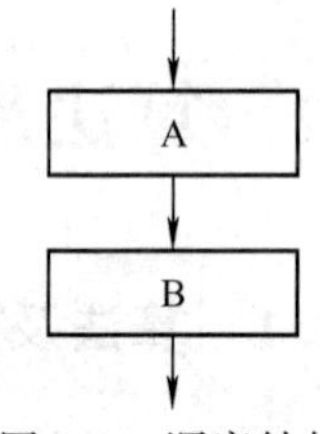

图 2-2 顺序结构

2. 选择结构

选择结构是根据条件判断的结果，从多种路径中选择其中的一种路径执行，这就像一个人到了十字路口，从多个方向中选择其中的一个方向走，其流程如图 2-3所示，若条件 p 成立，则执行 A 语句，否则执行 B 语句。

3. 循环结构

循环结构是将一组操作重复执行多次，这就像一个人绕跑道跑圈，其流程如图 2-4 所示。其中“当型”循环结构是先对条件 p 进行判断，若条件成立，则执行循环体 A，否则退出循环。“直到型”循环结构是先执行循环体 A，再判断条件 p 是否成立，若条件成立，则继续执行循环体，否则退出循环。

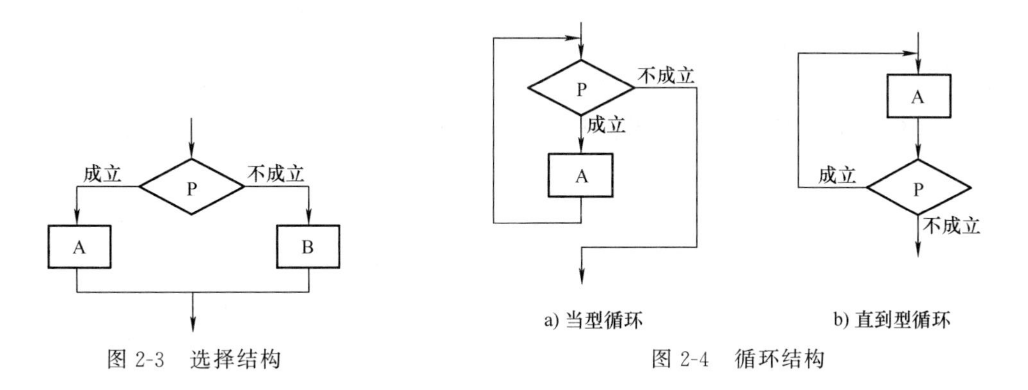

a) 当型循环　　b) 直到型循环

图 2-3 选择结构　　图 2-4 循环结构

2.3 顺序结构程序设计

顺序结构程序比较简单，在此利用前面所介绍的输入输出函数，用两个实例说明程序设计的思想和编程规范。

【例 2.8】 将输入的两个整数交换，然后再输出这两个整数。

算法分析：军训时，往往按照同学的身高进行排队。试想，若有 A、B 两名同学没有按照要求排序，需要调换位置，如何实现？

本例给出的问题类似于上述的两名同学互换位置，需要借助一个临时变量实现两数的交换。其程序设计流程如图 2-5 所示。

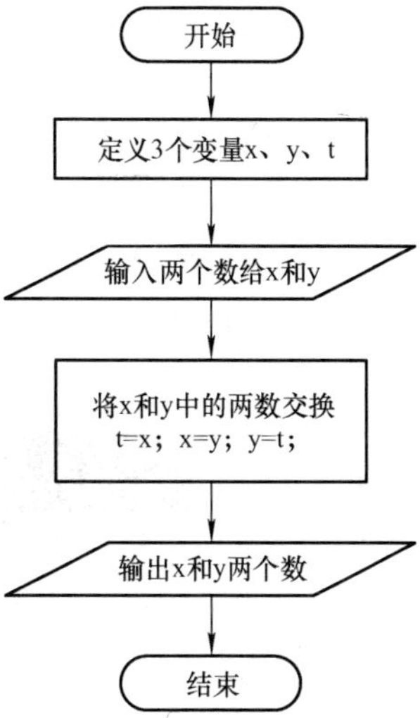

图 2-5 例 2.8 设计流程图

参考程序：

```
//**********************************
//程序功能:输入两个整数,交换后再输出
//设计日期:2019－6－25
//**********************************
#include <stdio.h>   //包含头文件
void main( )
{
    int  x,y,t;                  //定义三个变量
    printf("请输入两个整数(用空格隔开):");
    scanf("%d%d",&x,&y);  //输入两个数据给 x 和 y
    t=x;  x=y;  y=t;          //将数 x 和 y 交换
    printf("将输入的两个整数交换之后:");
    printf("%d %d\n",x,y);  //输出 x 和 y 两个数
}
```

运行情况：请输入两个整数(用空格隔开)：5 3
将输入的两个整数交换之后： 3 5

【例 2.9】 从键盘输入大写字母，要求输出对应的小写字母。

算法分析：由于大写字母和小写字母的 ASCII 码值有一定的关系：大写字母的 ASCII 码值＋32＝对应小写字母的 ASCII 码值，例如大写字母 A 的 ASCII 码值为 65，而小写字母 a 的 ASCII 码值为 97，因此可以利用这个规律进行程序设计。其程序设计流程如图 2-6 所示。

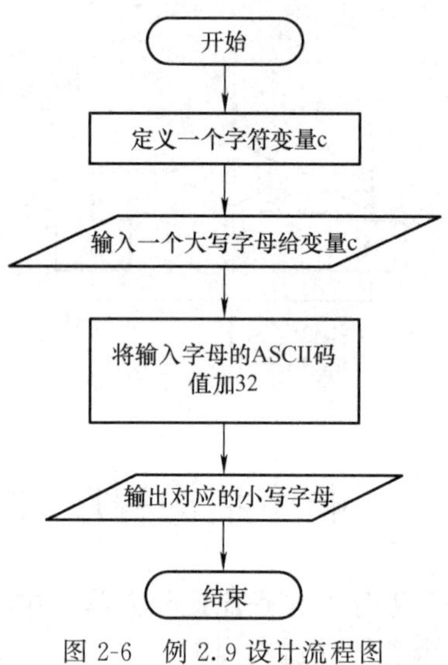

图 2-6　例 2.9 设计流程图

参考程序：

```
//******************************
//程序功能:输入大写字母,输出对应的小写字母
//设计日期:2019－6－25
//******************************
#include<stdio.h>   //包含头文件
void main( )
{
    char c;             //定义字符变量 c
    printf("请输入一个大写字母:");
    c=getchar( );       //输入一个大写字母
    c=c+32;             //将大写字母转换成小写字母
    printf("对应的小写字母:");
    putchar(c);         //输出小写字母
    putchar('\n');      //换行
}
```

运行情况：请输入一个大写字母：A
对应的小写字母：a

以上两个例题较简单，在此主要说明，在程序设计中，要养成良好的编程习惯和规范：①用流程图表示程序设计的思路，根据流程图进行编程；②在程序前加注关于程序的说明(程序功能、函数名称、设计日期等)；③在代码中加注释。

这样做会大大增加程序的可读性和可移植性，对程序设计者和程序阅读者均有益。

2.4 选择结构程序设计

在实际生活中，我们经常遇到根据不同的条件选择不同道路的情况。在 C 程序设计中，也会遇到同样的问题，那就是根据不同的条件，执行不同的语句，这就是选择结构程序。而条件的判断，主要由关系运算符及其表达式、逻辑运算符及其表达式来实现。

2.4.1 关系运算符和关系表达式

所谓关系运算，就是对两个数据进行比较，判断其比较结果是否符合给定的条件。用于比较两个数据的运算符称为“关系运算符”。

1. 关系运算符及其优先级次序

C 语言提供了 6 种关系运算符，并规定了它们的优先级：

(1) ＜　　小于
(2) ＜＝　小于或等于
(3) ＞　　大于
(4) ＞＝　大于或等于
（以上四种）优先级相同（高）

(5) ＝＝　等于
(6) ！＝　不等于
（以上两种）优先级相同（低）

关系运算符的优先级低于算术运算符，高于赋值运算符。例如：

c＞a＋b　　等价于　c＞(a＋b)
a＞b＝＝c　等价于　(a＞b)＝＝c
a＝＝b＜c　等价于　a＝＝(b＜c)
a＝b＞c　　等价于　a＝(b＞c)

2. 关系表达式

用关系运算符将两个表达式连接起来的式子，称为关系表达式。例如：a＞b、a＋b＞c＋d、(a＝3)＞(b＝5)、′a′＜′b′、a＝＝3、a！＝3 都是合法的关系表达式。

关系表达式的值是一个逻辑值：“真”或“假”。例如关系表达式“5＝＝3”的值为“假”，“5＞＝0”的值为“真”。**关系运算结果，以“1”代表“真”，以“0”代表“假”**。

【思考与练习】 若 a＝3、b＝2、c＝1，请填写表 2-4 所示的关系表达式的值。

表 2-4　关系表达式的值

关系表达式	逻辑值（真、假）	关系表达式的值（0、1）	关系表达式	逻辑值（真、假）	关系表达式的值（0、1）
a＞b			a！＝b＋c		
a＞b＋c			a＞b＝＝c		

2.4.2　逻辑运算符和逻辑表达式

1. 逻辑运算符及其优先级次序

C 语言提供了 3 种逻辑运算符：

(1) &&　　逻辑与
(2) ||　　逻辑或
(3) !　　逻辑非

“&&”和“||”均为双目运算符，有两个操作数。“!”为单目运算符，只要求一个操作数。逻辑运算的真值表如表 2-5 所示。

表 2-5　逻辑运算的真值表

a	b	a&&b	a‖b	！a	a	b	a&&b	a‖b	！a
真	真	真	真	假	假	真	假	真	真
真	假	假	真	假	假	假	假	假	真

几种运算符的优先级次序如图 2-7 所示。

图 2-7 运算符的优先级次序

例如以下逻辑表达式：

a>b && c>d　　等价于　(a>b)&&(c>d)

! a==b‖c<d　　等价于　((! a)==b)‖(c<d)

a+b>c&&x+y<d 等价于　((a+b)>c)&&((x+y)<d)

2. 逻辑表达式的值

C规定，**参与逻辑运算的操作数以非 0 代表“真”，以 0 代表“假”**。逻辑表达式的值，即**逻辑运算结果，以数值 1 代表“真”，以 0 代表“假”**。

例如：

1）若 a=3，则!a 的值为 0。因为参与逻辑运算的操作数 a 为非 0，代表“真”。

2）若 a=3、b=4，则 a&&b 的值为 1。因为参与逻辑运算的两个操作数 a、b 均非 0，代表“真”。同理，a‖b 的值为 1。

3）3&&0‖-4 的值为 1。

4）'a'&&'b'的值为 1。

在逻辑表达式的求解中，并不是所有的逻辑运算符都被执行。例如：

1）a&&b 只有当 a 为真（非 0）时，才需要判断 b 的值。只要 a 为假，就不必判断 b 的值，此时整个表达式已确定为假。

2）a‖b 只要 a 为真（非 0），就不必判断 b 的值。只有 a 为假，才判断 b。

即对“&&”运算符而言，只有 a≠0，才继续进行右面的运算；对“‖”运算符而言，只有 a=0，才继续进行右面的运算。例如，若有逻辑表达式“(x=a>b)&&(y=c>d)”，当 a=1、b=2、c=3、d=4、x 和 y 的原值为 1 时，由于 a>b 的值为 0，因此 x=0，而“y=c>d”不被执行，故 y 的值不是 0，而仍然保持原值 1。

【思考与练习】 分别写出数学表达式“80≤i<89”“i<0 或 i≥100”“i≠0”对应的 C 语言表达式。

2.4.3 if 语句及应用

if 语句根据给定的条件进行判断，以决定执行某个分支程序段。

1. if 语句的 3 种形式

(1) if 基本形式

if（表达式）语句

其语义：若表达式的值为真，则执行其后的语句，否则不执行该语句，其流程图如图 2-8a 所示。

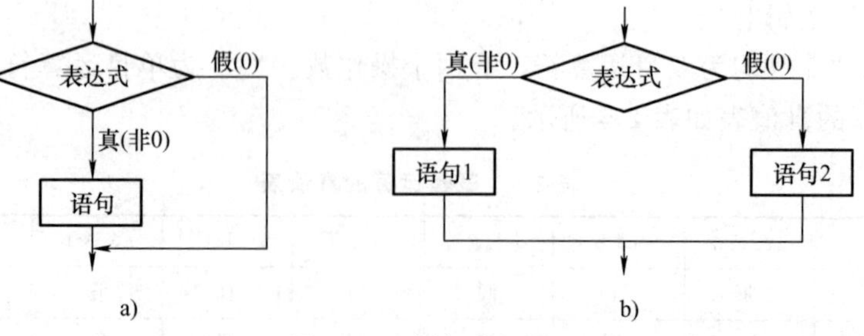

图 2-8 if 语句流程图

【例 2.10】 用 if 语句判断考试结果。

```
#include <stdio.h>
void main( )
{
    int score;
    printf("请输入成绩：");
    scanf("%d",&score);
    if(score>=60)    printf("恭喜,通过！\n");
}
```

(2) if—else 基本形式

if(表达式)　语句 1

else　　　　语句 2

其语义：若表达式的值为真，则执行语句 1，否则执行语句 2，其流程图如图 2-8b 所示。

【例 2.11】 用 if—else 语句判断考试结果。

```
#include <stdio.h>
void main( )
{
    int score;
    printf("请输入成绩：");
    scanf("%d",&score);
    if(score>=60)    printf("恭喜，通过！\n");
    else             printf("未通过，继续努力！\n");
}
```

以上两种 if 语句形式，一般都用于两个分支选择的情况。对于更多分支选择时，可采用第三种方式：if—else 嵌套形式。

(3) if—else 嵌套形式　可结合判断条件，灵活采用适当的嵌套形式解决实际问题，如下面几种都是合法的 if 语句嵌套形式。

```
① if (表达式 1)        语句 1
   else
       if (表达式 2)   语句 2
       else            语句 3
```

```
② if (表达式 1)
       if (表达式 2)   语句 1
       else            语句 2
   else                语句 3
```

```
③ if (表达式 1)
       if (表达式 2)   语句 1
       else            语句 2
   else
       if (表达式 3)   语句 3
       else            语句 4
```

```
④ if (表达式 1)
       if (表达式 2)
           if (表达式 3) 语句 1
           else          语句 2
       else              语句 3
   else                  语句 4
```

说明：需要注意 if 与 else 的配对关系，else 总是与它上面最近的未配对的 if 配对。

【例 2.12】 根据符号函数，编程实现输入一个 x 值，输出 y 值。

$$y=\begin{cases}-1 & (x<0)\\ 0 & (x=0)\\ 1 & (x>0)\end{cases}$$

参考程序如下：

```
#include <stdio.h>
void main( )
{
    int x,y;
    printf("请输入 x 的值:");
    scanf("%d",&x);
    if(x<0)  y= -1;
    else
        if(x==0)  y=0;
        else      y=1;
    printf("x=%d,y=%d\n",x,y);
}
```

2. 条件运算符和条件表达式

条件运算符（?:）是一个三目运算符，即有 3 个参与运算的量。由条件运算符组成条件表达式的一般形式如下：

表达式 1 ? 表达式 2 : 表达式 3

条件表达式的求解过程：如果表达式 1 的值为真，则以表达式 2 的值作为整个条件表达式的值，否则以表达式 3 的值作为整个条件表达式的值，其执行流程如图 2-9 所示。

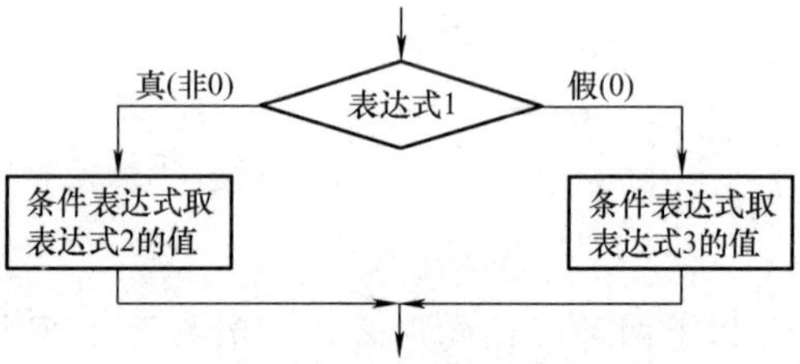

图 2-9 条件表达式执行流程图

条件表达式通常用于赋值语句之中。

例如条件语句：
```
if(a>b)   max=a;
else      max=b;
```

可用条件表达式写为： max=(a>b)? a:b;

执行该语句的语义是：若 a>b 为真，则把 a 赋给 max，否则把 b 赋给 max。

说明：

1）条件运算符的运算优先级低于关系运算符和算术运算符，但高于赋值运算符。因此，表达式“max=(a>b)? a:b”等价于“max=a>b? a:b”。

2）条件运算符的结合方向是自右至左。因此，表达式“a>b? a:c>d? c:d”等价于“a>b? a:(c>d? c:d)”，这也就是条件表达式嵌套的情形，即其中的表达式 3 又是一个条件表达式。

【例 2.13】 利用条件运算符求两数的最大值。

```
#include <stdio.h>
void main( )
{
    int a,b,max;
    printf("请输入两个整数：");
    scanf("%d%d",&a,&b);
    max= a>b? a:b;
    printf("max=%d\n",max);
}
```

3. if 语句应用

【例 2.14】 输入两个整数，要求按由大到小的顺序输出。

本例给出的问题类似于前面遇到的两数交换问题。参考程序如下：

```
#include <stdio.h>
void main( )
{
    int a,b,t;
    printf("请输入两个整数:");
    scanf("%d%d",&a,&b);
    if(a<b)
    {   t=a;   a=b;   b=t;   }
    printf("由大到小:%d,%d\n",a,b);
}
```

【拓展与实验】 输入 3 个整数，要求按由大到小的顺序输出。参考程序如下：

```
#include <stdio.h>
void main( )
{
    int a,b,c,t;
    printf("请输入三个整数:");
    scanf("%d%d%d",&a,&b,&c);
    if(a<b)
    {  t=a;  a=b;  b=t;     }
    if(a<c)
    {  t=a;  a=c;  c=t;     }
    if(b<c)
    {  t=b;  b=c;  c=t;     }
    printf("由大到小:%d,%d,%d\n",a,b,c);
}
```

3个数进行比较时，实际上需要比较两轮：第1轮，选出3个数中最大的数，赋给变量a；第2轮，在剩余的两个数中选出最大的数，赋给变量b；最后剩下的数最小，赋给变量c。

对多个数进行排序时，仍可采用“选择法”这个思想，这将在3.1节详细介绍。

【例2.15】 51单片机实现多路开关状态指示功能。

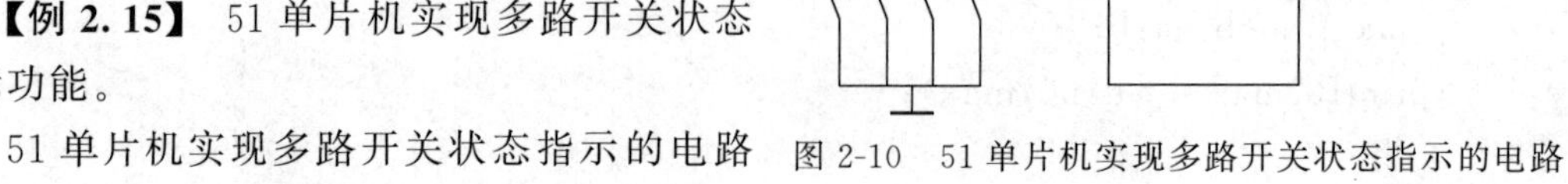

图2-10 51单片机实现多路开关状态指示的电路

51单片机实现多路开关状态指示的电路如图2-10所示，4个开关K1、K2、K3、K4的状态分别由LED1、LED2、LED3、LED4指示。如开关K1闭合，LED1灯亮；K1断开，LED1灯灭。编程实现：将开关的状态反映到发光二极管上。

参考程序如下：

```
#include <reg52.h>
sbit K1=P1^0;        //定义开关位变量(sbit是C51扩展的位变量类型标识符)
sbit K2=P1^1;
sbit K3=P1^2;
sbit K4=P1^3;
sbit LED1=P2^0;      //定义LED灯位变量
sbit LED2=P2^1;
sbit LED3=P2^2;
sbit LED4=P2^3;
void main( )
{
    while(1)
    {   //依次扫描查询4个开关的状态
        if(K1==0)   LED1=0;   //开关闭合，LED灯亮
        else        LED1=1;   //开关断开，LED灯灭
        if(K2==0)   LED2=0;
        else        LED2=1;
        if(K3==0)   LED3=0;
        else        LED3=1;
        if(K4==0)   LED4=0;
        else        LED4=1;
    }
}
```

【例2.16】 根据输入的课程成绩（整数），判断并输出相应的等级。输入成绩与输出结果的对应关系：90～100，优秀；80～89，良好；70～79，中等；60～69，及格；0～59，不

及格；其他值，提示“输入有误!”。

```
#include <stdio.h>
void main( )
{
    int score;
    printf("请输入课程成绩(整数):");
    scanf("%d",&score);
    //请读者补充完成，并上机运行测试
    …
}
```

处理多分支选择问题时，可采用 if—else 嵌套形式，还可采用 C 语言提供的另外一种用于多分支选择的 switch 语句。

2.4.4　switch 语句及应用

switch 语句可用于图 2-11 所示的多分支选择结构。

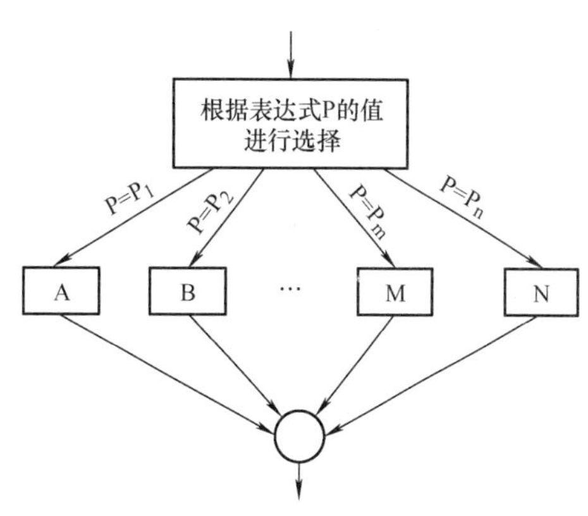

图 2-11　switch 语句流程图

switch 语句的一般形式：

```
switch(表达式)
{
    case 常量表达式 1:  语句 1;[break;]
    case 常量表达式 2:  语句 2;[break;]
         ⋮
    case 常量表达式 n:  语句 n;[break;]
    [default          :  语句 n+1;]
}
```

switch 语句的语义是：计算 switch 括号内“表达式”的值，并逐个与 case 后面“常量表达式”的值进行比较，当 switch 括号内“表达式”的值与某个 case 后面“常量表达式”的值相等时，即执行该行对应的语句，后面的 break 语句可用来终止 switch 语句的执行。若 switch 括号内“表达式”的值与所有 case 后面的“常量表达式”均不相等时，则执行 default 后的语句。

说明：

1）switch 括号内的“表达式”，其值的类型应为整型或字符型。

2）case 后面的表达式必须是常量表达式，不能是变量。

3）每一个 case 后面的常量表达式必须互不相同。

4）多个 case 可以共用一组执行语句。

5）在 case 后面，允许有多个语句，可以不用 {} 括起来。

6）带有 [ ] 的部分为可选部分。

【例 2.17】　用 switch 语句实现例 2.16 的功能：根据输入的课程成绩（整数），判断并输出相应的等级。输入成绩与输出结果的对应关系：90～100，优秀；80～89，良好；70～79，中等；60～69，及格；0～59，不及格；其他值，提示“输入有误!”。

分析：找出各个分数段的共同特点，比如80～89，这10个数据对应的十位数是相同的，都是8，因此可以用“输入的成绩除以10”这个取整运算表达式作为switch括号内的“表达式”。参考程序如下：

```
#include <stdio.h>
void main( )
{
    int  score;
    printf("请输入课程成绩(整数):");
    scanf("%d",&score);
    if(score>100 || score<0)            //判断输入的成绩是否有效
        printf("输入错误! \n");
    else
        switch(score/10)
          {
              case 10:
              case  9:   printf("优秀! \n");break;
              case  8:   printf("良好! \n");break;
              case  7:   printf("中等! \n");break;
              case  6:   printf("及格! \n");break;
              default:   printf("不及格! \n");
          }
}
```

从例2.17可以看出，if语句和switch语句的区别在于if语句可以对关系表达式或逻辑表达式进行测试，而switch语句只能对等式进行测试。能否用switch解决多分支选择结构问题，关键是要找出switch括号内的“表达式”与case后面的“常量表达式”的对应关系。

【例2.18】 用switch语句实现图2-10所示的多路开关状态指示功能（假设不存在多个开关同时闭合的情况）。

参考程序如下：

```
#include <reg52.h>
#define uchar unsigned char
#define K1 0xfe        //定义开关符号常量
#define K2 0xfd
#define K3 0xfb
#define K4 0xf7
sbit  LED1=P2^0;       //定义LED灯位变量
sbit  LED2=P2^1;
sbit  LED3=P2^2;
sbit  LED4=P2^3;
```

```
void main( )
{
    uchar key;                //定义开关变量
    while(1)
    {
        P1=P1|0x0f;           //向 P1 口低 4 位写 1，高 4 位不受影响
        key=P1;               //读开关状态
        key=key|0xf0;         //计算开关变量值
        switch(key)           //判断开关变量值
        {
            case K1: LED1=0;break;        //开关 K1 闭合，LED1 灯亮
            case K2: LED2=0;break;        //开关 K2 闭合，LED2 灯亮
            case K3: LED3=0;break;        //开关 K3 闭合，LED3 灯亮
            case K4: LED4=0;break;        //开关 K4 闭合，LED4 灯亮
            default: LED1=LED2=LED3=LED4=1;  //没有开关闭合，LED 灯全灭
        }// switch
    }//while
}//main
```

2.5 循环结构程序设计

在许多问题中需要用到循环控制，即重复执行同种性质的任务。例如，在测试例 2.17 所编写的程序时，需要多次单击运行命令，输入不同的数据，以测试程序的正确性和可靠性。这就让人不难想到：如果系统能够自动重复运行程序（循环控制），就方便多了。再如嵌入式智能设备，只要上电工作，主函数就要反复执行一段程序，这也需要用到循环控制，如例 2.18。

C 语言提供了多种循环语句，最基本的是 while 语句、do…while 语句、for 语句。

2.5.1 while 循环结构程序设计

while 语句的一般形式：　　　**while（表达式）循环体语句**

其中表达式为循环条件。其执行过程为：当循环条件表达式为真（非 0）时，执行循环体语句；当循环条件表达式为假（0）时，终止循环，其流程图如图 2-12 所示。可见，while 循环是先判断条件表达式，再决定是否执行循环体语句。

【例 2.19】 用 while 语句实现 1＋2＋3＋…＋100 的和。

程序设计流程如图 2-13 所示，参考程序如下：

```
#include <stdio.h>
void main( )
{
    int i=1,sum=0;
    while(i<=100)
    {
```

```
        sum=sum+i;
        i++;
    }
    printf("sum=%d\n",sum);
}
```

运行结果：sum=5050

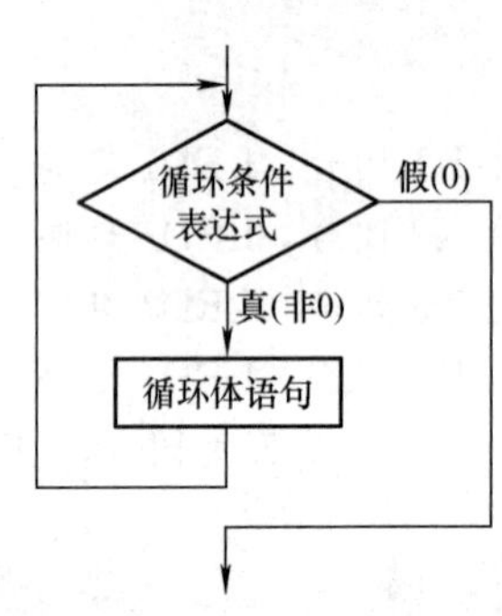

图 2-12 while 循环流程图

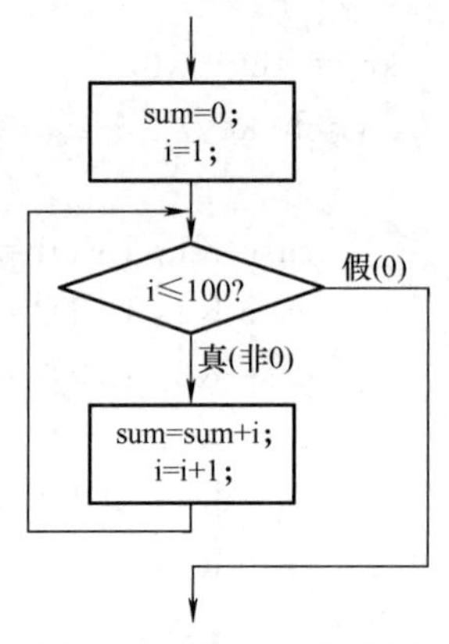

图 2-13 例 2.19 流程图

【思考与实验】

分别实现：1+3+5+…+99 的和、2+4+6+…+100 的和、1+2+3+…+n 的和（n 的数值由键盘输入）。

说明：

1）while 语句中的表达式一般是关系表达式或逻辑表达式，只要表达式的值为真（非 0），即可继续执行循环体语句。如单片机与嵌入式系统软件的主函数一般用 while(1) 构成无限循环结构。请读者将例 2.17 程序的执行语句作为 while(1) 的循环体语句，运行程序并体会循环结构的作用。

2）若循环体包含多条语句，则必须用 {} 括起来，组成复合语句。

2.5.2 do…while 循环结构程序设计

do…while 语句的一般形式：

do

循环体语句

while(表达式);

执行过程：先执行循环体语句，然后再判断表达式是否为真，若表达式为真，则继续执行循环体语句；若表达式为假，则终止循环。因此，do…while 循环至少要执行一次循环体语句，其流程图如图 2-14 所示。

若循环体包含多条语句，则必须用 {} 括起来，组成复合语句。

【例 2.20】 用 do…while 语句实现 1+2+3+…+100 的和。

程序设计流程如图 2-15 所示，参考程序如下：

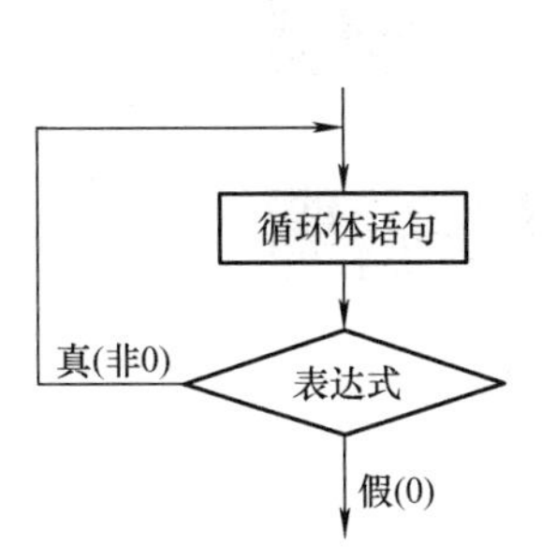

图 2-14　do…while 循环流程图

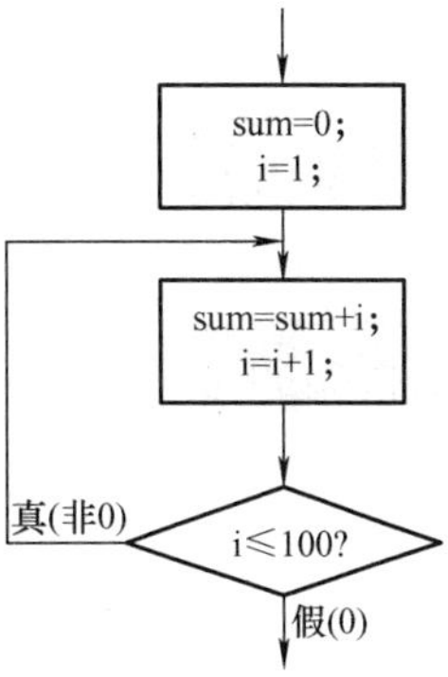

sum=0;
i=1;
sum=sum+i;
i=i+1;
真(非0)
i≤100?
假(0)

图 2-15　例 2.20 流程图

```
#include <stdio.h>
void main( )
{
    int i=1,sum=0;
    do
    {
        sum=sum+i;
        i++;
    }while(i<=100);
    printf("sum=%d\n",sum);
}
```

运行结果：

```
sum=5050
```

【例 2.21】 while 和 do…while 循环的比较。

(1)

```
#include  <stdio.h>
void main( )
{
    int i;
    printf("请输入 1 个整数:");
    scanf("%d",&i);
    while(i<3)
     {
         i++;
     }
    printf("i=%d\n",i);
}
```

运行情况如下：

```
请输入1个整数: 1
i=3
```

(2)

```
#include  <stdio.h>
void main( )
{
    int i;
    printf("请输入 1 个整数:");
    scanf("%d",&i);
    do
    {
        i++;
    }while(i<3);
    printf("i=%d\n", i);
}
```

运行情况如下：

```
请输入1个整数: 1
i=3
```

再运行一次：

```
请输入1个整数：2
i=3
```

再运行一次：

```
请输入1个整数：3
i=3
```

再运行一次：

```
请输入1个整数：2
i=3
```

再运行一次：

```
请输入1个整数：3
i=4
```

可见，当输入 i<3 时，两者运行结果相同；但当输入 i≥3 时，运行结果则不同。

2.5.3 for 循环结构程序设计

在 C 语言中，for 语句使用最为灵活，它在很多场合可以代替 while 语句，其一般形式如下：

for(表达式 1;表达式 2;表达式 3)循环体语句

执行过程如下：

1）计算表达式 1。

2）计算表达式 2，若其值为真（非 0），则执行 for 语句中的循环体语句，然后执行下面第 3）步；若其值为假（0），则结束循环，转到第 5）步。

3）计算表达式 3。

4）转回上面第 2）步继续执行。

5）循环结束，执行 for 语句下面的一个语句。

其流程图如图 2-16a 所示。

for 语句最常用、最容易理解的应用形式如下：

for(循环变量赋初值;循环条件;循环变量变化)循环体语句

对应的流程图如图 2-16b 所示。

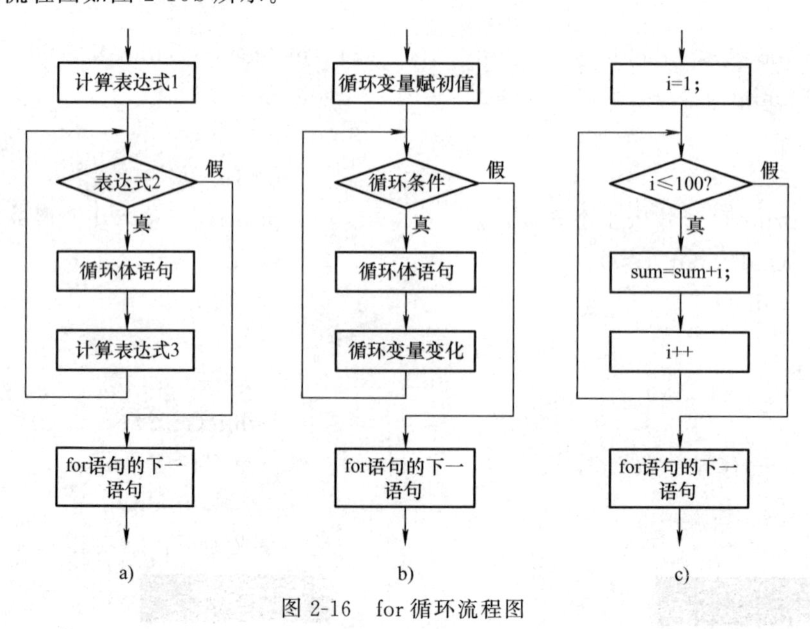

图 2-16　for 循环流程图

【例 2.22】 用 for 语句实现 1＋2＋3＋…＋100 的和。

程序设计流程如图 2-16c 所示，参考程序如下：

```
#include <stdio.h>
void main( )
{
```

①

```
int i,sum=0;
for(i=1;i<=100;i++)
   sum=sum+i;
```

②

```
int i=1,sum=0;
for(;i<=100;i++)
   sum=sum+i;
```

③

```
int i=1,sum=0;
for(;i<=100;)
{sum=sum+i;
   i++;
}
```

④

```
int i,sum;
for(sum=0,i=1;i<=100;i++)
      sum=sum+i;
```

```
printf("%d\n",sum);
}
```

说明：

第①种形式是常用的书写形式，其中第 4～6 行程序代码与②、③、④形式等效。

第②种形式，说明 for 语句中的“循环变量赋初值”可以放在 for 语句之前；

第③种形式，说明 for 语句中的“循环变量变化”可以放在 for 循环体中；

第④种形式，说明 for 语句中的“循环变量赋初值”项可以同时给多个变量赋初值（要用逗号隔开）。

【思考与实验】

分别实现：1＋3＋5＋…＋99 的和、2＋4＋6＋…＋100 的和、1＋2＋3＋…＋n 的和（n 的数值由键盘输入）。

单片机与嵌入式系统软件设计中常用的两种 for 语句形式如下：

1）for 循环体可以是空语句，常用于软件延时。例如：

```
for(i=0; i<1000; i++);    或    for(i=1000; i>0; i--);
```

2）for(;;) 与 while(1) 等价，表示无限循环。主函数一般为无限循环结构。

2.5.4 循环嵌套

一个循环体内又包含另一个完整的循环结构，称为循环嵌套。

【例 2.23】 循环次数统计。

```
#include <stdio.h>
void main( )
{
     int i,j;                    //定义两个循环变量
     int k=0;                    //存放循环次数
     for(i=1;i<=5;i++)
          for(j=1;j<=10;j++)
               k++;
     printf("循环次数:%d\n",k);
}
```

运行结果：循环次数：50

说明：

1）本例用了两个for循环构成循环嵌套，对应程序第6～8行，这3行代码其实是一条语句，因此可以不加{}。

2）在单片机与嵌入式系统软件设计中，常用此方式实现更长时间的软件延时。

【思考与实验】

（1）本例程序执行后，变量i和j的值分别是多少？

（2）请将例1.18主函数中while(1)循环体中的顺序结构改为循环结构。

2.5.5 break语句和continue语句

1. break语句

一般形式为：　**break;**

break语句常用于循环结构和switch选择结构。当break语句用于switch选择结构中时，可使程序跳出switch结构而执行switch下面的语句，这已在“2.4.4 switch语句及应用”一节中介绍过。当break语句用于循环结构中时，可使程序提前结束“整个”循环过程，接着执行循环结构下面的语句。

2. continue语句

一般形式为：　**continue;**

continue语句常用于循环结构，其作用是提前结束“本次”循环（跳过循环体中下面尚未执行的语句），接着执行下次循环。

break语句和continue语句的执行过程可用以下两个循环结构及其对应的流程图（见图2-17）说明。

```
(1) while (表达式1)                (2) while (表达式1)
    {    …                             {    …
      if (表达式2) break;                if (表达式2) continue;
         …                                  …
    }                                  }
```

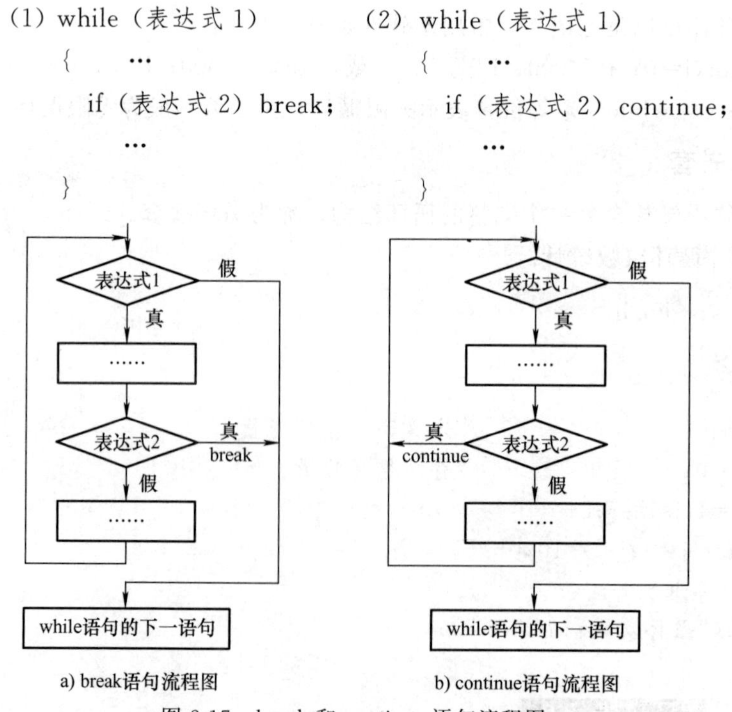

a) break语句流程图　　b) continue语句流程图

图2-17　break和continue语句流程图

下面通过例 2.24 进一步理解 break 语句和 continue 语句的执行过程及区别。

【例 2.24】 break 语句和 continue 语句在循环结构中的应用。

程序 1：

```
#include <stdio.h>
void main( )
{
    int i;
    for(i=1;i<=5;i++)
    {
        if(i==3)break;
        printf("%d\n",i);
    }
}
```

运行结果：

```
1
2
```

程序 2：

```
#include <stdio.h>
void main( )
{
    int i;
    for(i=1;i<=5;i++)
    {
        if(i==3)continue;
        printf("%d\n",i);
    }
}
```

运行结果：

```
1
2
4
5
```

2.6　预处理命令

几乎所有的 C 程序，都使用以“#”号开头的预处理命令，例如包含命令#include、宏定义命令#define 等。在源程序中这些命令一般都放在源文件的前面，称为预处理部分。预处理是 C 语言的一个重要功能，它由预处理程序负责完成。当对一个源文件进行编译时，系统将自动引用预处理程序对源程序中的预处理部分作处理，处理完毕自动进入对源程序的编译。

在 C 语言中，有多种预处理命令，在此介绍 3 种常用的预处理功能：文件包含、宏定义、条件编译。需要注意，预处理命令不是 C 语句。为了与一般 C 语句相区别，这些命令均以符号“#”开头。灵活使用预处理命令，可以提高编程效率。

2.6.1　宏定义

1. 不带参数的宏定义

用一个“简单且见名知意”的标识符来代表一个字符串，其一般形式如下：

#define　标识符　字符串

“标识符”为所定义的宏名，“字符串”可以是常数、表达式、格式串等。

宏定义可以提高编程效率。例如：若用简单的“PI”代表“3.1415926”，可用宏定义“#define PI 3.1415926”，则在编译预处理时，对程序中所有出现的宏名“PI”，都用宏定义中的字符串“3.1415926”去置换。

【例 2.25】 使用不带参数的宏定义：根据输入的半径，求圆的周长和面积。

```
#include <stdio.h>
#define PI 3.1415926      //宏定义符号常量
void main( )
{
    float r,c,s;              //定义半径、周长、面积变量
    printf("请输入半径：");
    scanf("%f",&r);           //输入半径
    c=2.0*PI*r;               //计算周长
    s=PI*r*r;                 //计算面积
    printf("半径=%6.2f\n",r);
    printf("周长=%6.2f\n",c);
    printf("面积=%6.2f\n",s);
}
```

运行情况：

```
请输入半径: 1
半径=  1.00
周长=  6.28
面积=  3.14
```

编译预处理时，对程序中所有出现的“PI”，都用宏定义中的字符串“3.1415926”去代换。printf函数中的“%6.2f”表示以实型数据格式输出，输出的数据最小宽度是6，并且保留2位小数。

对宏定义的几点说明：

1）宏定义不是C语句，不必在行末加分号。

2）宏定义是用宏名代替一个字符串，也就是作简单的置换，不作任何检查。如果写成“#define PI 3.141s9”，即把数字5错写成s，预编译时不作任何语法检查，只有在编译已被宏代换后的源程序时才会发现语法错误并报错。

3）宏定义通常写在文件开头，函数之前，作为本源文件的一部分，其作用域为宏定义命令起到本源文件结束。宏定义如要终止其作用域可使用# undef命令，例如：

```
#define PI 3.14159
void main( )              ——
{                          ↑
    ⋮               PI的有效范围
}                          ↓
                          ——
#undef PI
f1( )
{
    ⋮
}
```

由于#undef的作用，使PI的作用范围到#undef行终止，因此在f1函数中，PI不再代表3.14159，这样可以灵活控制宏定义的作用范围。

2. 带参数的宏定义

C 语言允许宏带有参数，在宏定义中的参数称为形式参数，在宏调用中的参数称为实际参数。带参**宏定义**的一般形式为：　**＃define　宏名（形参表）　字符串**

其中，在字符串中含有各个形参。

带参**宏调用**的一般形式为：　**宏名（实参表）;**

在宏调用时，不仅要宏展开，而且要用实参去代换宏定义的形参。

【例 2.26】 使用带参数的宏：根据输入的半径，求圆的面积。

```
#include <stdio.h>
#define  PI   3.14159             //宏定义 PI 符号常量(不带参数)
#define  S(r)  PI*(r)*(r)         //宏定义面积计算公式(带参数)
void main( )
{
    float a,area;   //定义半径、面积变量
    while(1)
    {
        printf("请输入半径:");
        scanf("%f",&a);
        if(a<0)break;                 //若输入的半径是负值,则退出循环
        area=S(a);                    //宏调用
        printf("半径=%6.2f\n",a);
        printf("面积=%6.2f\n",area);
    }
}
```

本例同时用了两个宏定义：一是符号常量“PI”的无参宏定义，一是面积计算公式的带参宏定义。这两个宏定义一起配合使用，使得赋值语句“area＝S(a);”经宏展开后变为“area＝3.14159＊(a)＊(a);”。宏调用（宏展开）过程如图 2-18 所示。

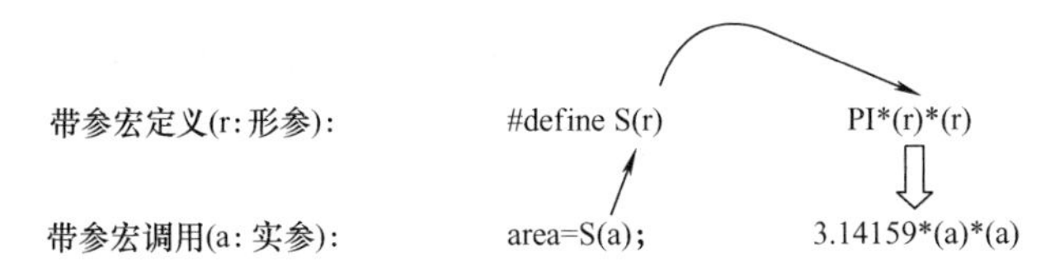

图 2-18　带参宏调用过程

运行情况：

```
请输入半径: 2
半径=   2.00
面积= 12.57
请输入半径: 5
半径=   5.00
面积= 78.54
请输入半径: -1
Press any key to continue
```

最后需要说明两点：

(1) 不论是带参数还是不带参数的宏定义，宏定义中的宏名一般都用大写字母。

(2) 带参宏定义，对其字符串中的参数外加括号是为了不引起歧义，提高程序设计的可靠性。

2.6.2 文件包含

文件包含命令行的一般形式如下：

#include <文件名>　　或　　#include "文件名"

在前面已多次使用此命令包含库函数的头文件，例如：

```
#include <stdio.h>
#include <reg52.h>
```

文件包含命令的功能是把指定的文件插入该命令行位置取代该命令行，从而把指定的文件和当前的源程序文件连成一个源文件，其含义如图 2-19 所示。

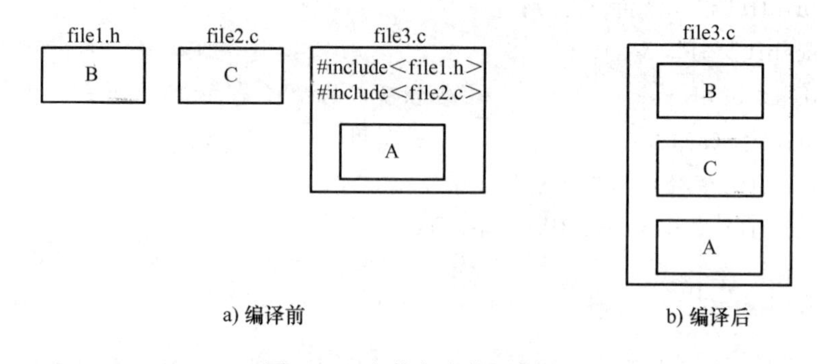

图 2-19　文件包含的示意图

在程序设计中，文件包含是很有用的。一个大的程序可以分成多个模块，由多个程序员分别编程。有些公用的符号常量或宏定义等可单独组成一个文件，在其他文件的开头用包含命令包含该文件即可使用，这样可避免在每个文件开头都去书写那些公用量，从而节省时间，并减少出错。

例如，在软件设计中，若多个源文件均用到下面的宏定义：

```
#define PI 3.1415926
#define S(r) PI*(r)*(r)
#define uchar unsigned char
#define uint unsigned int
```

可将这些宏定义做成一个公用的文件“common.h”(文件名可根据需要灵活设定)，则其他源文件若需使用这两个宏定义，则只需在该源文件开头处加一行代码即可：

```
#include "common.h"
```

有关文件包含命令的几点说明：

1）在＃include 命令中，文件名可以用尖括号或双撇号括起来。例如：

```
#include <stdio.h>      或   #include "stdio.h"
```

二者的区别：用尖括号时，系统到存放 C 库函数头文件的“包含目录”中查找要包含的文件，这称为标准方式。用双撇号时，系统先在“用户当前的源文件目录”中查找要包含的头文件；若找不到，再到“包含目录”中去查找。

一般来说，如果要包含的是库函数，则用尖括号；如果要包含的是用户自己编写的文件（这种文件一般在用户当前目录中），一般用双撇号。若文件不在当前目录中，在双撇号内应给出文件路径（如＃include "D:\zhang\file1.c"）。

2）一个 include 命令只能指定一个被包含文件，若有多个文件要包含，则需要使用多个 include 命令。

3）文件包含允许嵌套，即在一个被包含的文件中又可以包含另一个文件。

2.6.3　条件编译

预处理程序提供了条件编译的功能，可以按不同的条件去编译不同的程序部分，因而产生不同的目标代码文件，这对程序的移植和调试是很有用的。

在此介绍 3 种常见形式的条件编译：

1. 第一种形式

```
#ifdef   标识符
    程序段 1
#else
    程序段 2
#endif
```

其功能是，若所指定的标识符已被 ＃define 命令定义过，则对程序段 1 进行编译，否则对程序段 2 进行编译。

如果没有程序段 2（它为空），本形式中的＃else 可以没有，即可以写为如下形式：

```
#ifdef   标识符
    程序段
#endif
```

2. 第二种形式

```
#ifndef 标识符
    程序段 1
#else
    程序段 2
#endif
```

与第一种形式的区别是将“ifdef”改为“ifndef”。其功能是，如果标识符未被＃define

命令定义过，则对程序段 1 进行编译，否则对程序段 2 进行编译，这与第一种形式的功能正好相反。

3. 第三种形式

```
#if 常量表达式
    程序段 1
#else
    程序段 2
#endif
```

其功能是，若常量表达式的值为真（非 0），则对程序段 1 进行编译，否则对程序段 2 进行编译，因此可以使程序在不同条件下完成不同的功能。

【例 2.27】 51 单片机控制 LED 灯闪烁电路如图 2-20 所示，51 单片机的 P1.0 引脚控制 LED 灯闪烁，可利用条件编译选择 LED 灯闪烁的快慢。

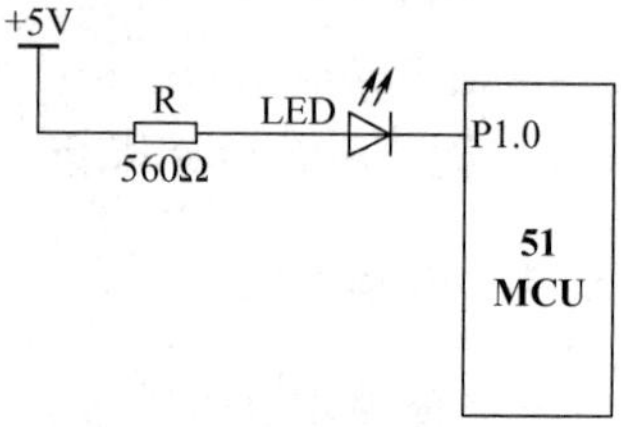

图 2-20 单片机控制 LED 灯电路

参考程序如下：

```
#include <reg52.h>                    //包含寄存器头文件
#define uchar unsigned char           //宏定义字符型
#define uint  unsigned int            //宏定义整型
#define FLASH_FAST                    //宏定义闪烁快慢常量
sbit LED=P1^0;                        //定义位型变量
void delay(uint t)                    //延时函数
{
    uint i;
    for(i=t;i>0;i--);
}
void main( )
{
    while(1)
    {
        #ifdef FLASH_FAST  //条件编译(闪烁快)
            LED=0;  delay(10000);
            LED=1;  delay(10000);
        #else                  //条件编译(闪烁慢)
            LED=0;  delay(50000);
            LED=1;  delay(50000 );
        #endif                //条件编译结束
    }
}
```

本程序使用了 3 种预处理命令：宏定义、文件包含和条件编译。由于在条件编译命令之前，标识符“FLASH _ FAST”已被 # define 定义过，因此将编译 LED 灯闪烁快的一段程序。

练　习　题

一、选择题

1. 以下程序的输出结果为（　　）。

```
# include <stdio.h>
void main( )
{       int a=2,b=5;
        printf("a=%d,b=%d\n",a,b);
}
```

A. a=%2,b=%5　　B. a=2,b=5　　C. a=d,b=d　　D. a=%d,b=%d

2. 执行下面两个语句后，输出的结果为（　　）。

```
char c1=97, c2=98;
printf ("%d  %c", c1, c2);
```

A. 97　98　　B. 97　b　　C. a　98　　D. a　b

3. 若变量已正确声明为 int 类型，要通过语句“scanf("%d%d%d",&a,&b,&c);”给 a 赋值于 3，b 赋值于 4，c 赋值于 5，不正确的输入形式是（　　）。

A. 3<回车>
　4<回车>
　5<回车>

B. 3，4，5<回车>

C. 3<回车>
　4　5<回车>

D. 3　4<回车>
　5<回车>

4. 已知有变量定义“int a; char c;”，用“scanf ("%d%c",&a,&c);”语句给 a 和 c 输入数据，使 30 存入 a，字符'b'存入 c，则正确的输入是（　　）。

A. 30'b'<回车>　　B. 30　b<回车>

C. 30<回车>b<回车>　　D. 30b<回车>

5. 若 x=0、y=3、z=3，以下表达式值为 0 的是（　　）。

A. !x　　B. x<y? 1:0　　C. x%2&&y==z　　D. y=x || z/3

6. 下列程序段执行后 k 值为（　　）。

```
int k=0, i, j;
for (i=0; i<5; i++)
    for (j=0; j<3; j++)
        k=k+1;
```

A. 15　　B. 3　　C. 5　　D. 8

7. 设有以下程序段：

```
int k=10;
while(k=0)
```

```
    k=k-1;
```

则下列描述中正确的是（　　）。

A. while 循环执行 10 次　　B. 循环是无限循环

C. 循环体语句一次也不执行　　D. 循环体语句执行一次

8. 判断 char 型变量 ch 是否为大写字母的正确表达式是（　　）。

A. 'A'<=ch<='Z'　　B. (ch>='A')&(ch<='Z')

C. (ch>='A')&&(ch<='Z')　　D. ('A'<=ch)AND('Z'>=ch)

9. 下面程序的结果是（　　）。

```
void main( )
{   int x=1;
    while(x<20)
    {   x=x*x;
        x=x+1;
    }
    printf("%d",x);
}
```

A. 1　　B. 20　　C. 25　　D. 26

10. 在输出 1～100 之间能被 7 整除的数的程序中，空白处的语句应是选项（　　）。

```
#include <stdio.h>
void main( )
{   int i;
    for(i=1;i<=100;i++)
    {  if(i%7!=0)____________
         printf("%d\n",i);
    }
}
```

A. break;　　B. continue;　　C. switch (i);　　D. flush (stdin);

二、程序设计题

11. 编写程序，输入圆的半径，求圆的周长与面积。

12. 编写程序，输入一个年份，判断该年是否是闰年。

13. 编写程序，从键盘输入 n 的值，求 1+2+3+…+n 的和。

14. 编写程序，打印出所有的“水仙花数”，水仙花数是指一个 3 位数，其各位数字的 3 次方和等于该数本身。例如，$153=1^3+5^3+3^3$。

15. 某商店对顾客实行优惠购物，规定如下：购物额为 1000 元以上（含 1000 元，下同）者，八折优惠；500 元以上、1000 元以下者，九折优惠；200 元以上、500 元以下者，九五折优惠；200 元以下者，九七折优惠；100 元以下者不优惠。编程实现：可以反复由键盘输入一个购物额，计算应收的款额。当输入值为负值时，提示“输入有误，请重新输入!”。

第3章 数　组

【学习目标】

1. 掌握数组的定义、初始化和引用的方法；
2. 能利用数组解决实际问题，了解数组在嵌入式系统中的应用；
3. 理解并掌握冒泡排序和选择排序算法；
4. 掌握字符串处理函数及应用。

在C语言中，数据类型除了基本类型（整型、实型、字符型），还有构造类型，包括数组类型、结构体类型、共用体类型和枚举类型。

本章将学习数组。**数组是将相同类型的若干数据按序组合在一起**，即数组是有序同类型数据的集合。按数组元素的类型不同，数组又可分为数值数组、字符数组、指针数组、结构体数组等各种类别。本章介绍数值数组和字符数组，其他类别的数组将在后续章节中陆续介绍。

3.1 一维数组

3.1.1 定义一维数组的方法

在C语言中，数组和变量一样，先定义后使用。

定义一维数组的一般形式为： **类型标识符　数组名 [常量表达式]**；

说明：

1）类型标识符可以是基本类型或构造类型。

2）数组名是用户定义的数组标识符。

3）方括号中的常量表达式表示数组元素的个数，也称为数组长度。

例如：　int a[10]；

表示定义了一个整型数组，数组名为a，此数组有10个元素。每个元素都有自己的编号，第1～10个元素对应的编号依次是：a[0]、a[1]、a[2]、a[3]、a[4]、a[5]、a[6]、a[7]、a[8]、a[9]。由于元素编号是从0开始，因此不存在数组元素a[10]。

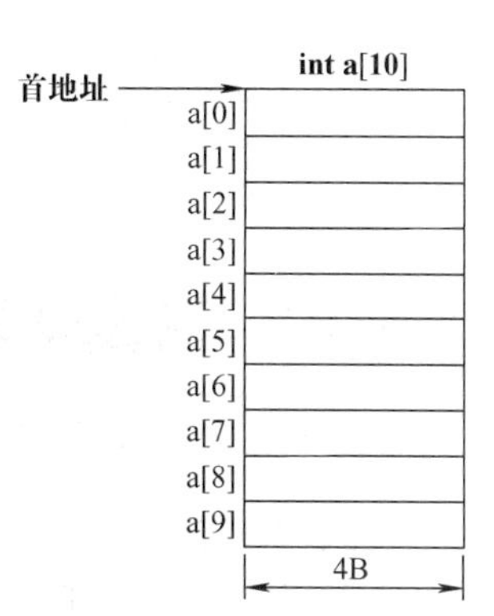

图3-1　一维数组在内存中的存储形式

定义数组之后，系统会为数组a分配连续的10个整型内存空间，用来存储10个数组元素，如图3-1所示。数组元素a[0]的内存地址是数组的首地址，C语言规定，**数组名可以代表数**

组的首地址（数组首元素的地址）。

3.1.2 一维数组的初始化

C语言允许在定义数组时，对数组元素初始化赋值。初值用{}括起来，初值之间用逗号隔开。

(1) 对全部元素赋初值 例如： int a[5]={1,3,5,7,9};

表示定义的数组a有5个元素，花括号内有5个初值，初始化后：a[0]=1，a[1]=3，a[2]=5，a[3]=7，a[4]=9。此时，对数组的全部元素赋初值，由于数据的个数已经确定，因此可以不指定数组长度（由系统自动计算），即可写成： int a[ ]={1,3,5,7,9};

(2) 对部分元素赋初值 例如： int a[5]={1,3,5};

表示定义的数组a有5个元素，但花括号内只给前3个元素赋初值，后2个元素由系统自动赋0，即a[0]=1，a[1]=3，a[2]=5，a[3]=0，a[4]=0。若数组a的全部元素初值都为0，则可写成： int a[5]={0};

注意：初值个数不能超过指定的元素个数 如语句“int a[5]={1,2,3,4,5,6};”是错误的。

3.1.3 一维数组元素的引用

数组先定义，后使用。C规定，只能引用某个数组元素而不能一次引用整个数组。一维数组元素的引用形式为： **数组名［下标］**

下标其实就是数组元素的编号，只能为整型常量或整型表达式。

【例3.1】 一维数组元素的引用：将一组数据倒序输出。

```
#include <stdio.h>
void main( )
{
    int i,a[10];
    for(i=0;i<=9;i++)
        a[i]=i;
    for(i=9;i>=0;i--)
        printf("%d ",a[i]);
    printf("\n");
}
```

运行结果：9 8 7 6 5 4 3 2 1 0

3.1.4 一维数组的应用

一维数组广泛应用于对多个同类型的数据进行存取、排序等操作的场合，用一维数组还可构造出软件设计中常用的堆栈、队列等数据结构。

【例3.2】 对n个数进行排序（由小到大）。

由于对多个数进行排序，自然会想到利用数组来保存和管理参与排序的多个数据。排序算法有多种，在此主要介绍两种常见的排序算法：冒泡排序法和选择排序法。

1. 冒泡排序法

冒泡法排序的思路是：从第1个数开始，和下邻数比较，小数上浮，大数下沉。

用冒泡法对5个数（比如9、7、5、8、0）进行由小到大排序，排序过程如图3-2所示。

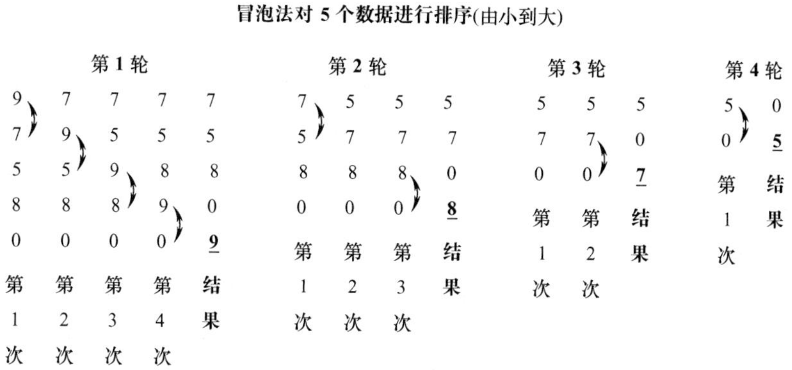

冒泡法对5个数据进行排序(由小到大)

第1轮

第1次	第2次	第3次	第4次	结果
9	7	7	7	7
7	9	5	5	5
5	5	9	8	8
8	8	8	9	0
0	0	0	0	**9**

第2轮

第1次	第2次	第3次	结果
7	5	5	5
5	7	7	7
8	8	8	0
0	0	0	**8**

第3轮

第1次	第2次	结果
5	5	5
7	7	0
0	0	**7**

第4轮

第1次	结果
5	0
0	**5**

图3-2　冒泡法排序过程

对以上5个数排序，需要进行5－1轮比较：

第1轮（5个数）要进行4次两两比较，将最大数9“沉底”；

第2轮（4个数）要进行3次两两比较，将最大数8“沉底”；

第3轮（3个数）要进行2次两两比较，将最大数7“沉底”；

第4轮（2个数）要进行1次两两比较，将最大数5“沉底”。

可见，对n个数排序，需要进行n－1轮比较：

第1轮　　要进行n－1次两两比较；

第2轮　　要进行n－2次两两比较；

⋮

第i轮　　要进行n－i次两两比较；

⋮

第（n－1）轮 要进行1次两两比较。

根据上述分析，冒泡排序算法程序设计如下：

```
#define N   5          //待排序的数据个数
int     a[N];          //数组a存放待排序的数据
int i,j,t;
//冒泡法排序(由小到大):小数在前面，大数在后面
for(i=1;i<N;i++)                //N个数，共需比较N-1轮
    for(j=0;j<N-i;j++)          //第i轮需要比较N-i次
        if(a[j]>a[j+1])         //依次比较两个相邻的数，将大数放后面
        {  t=a[j];   a[j]=a[j+1];    a[j+1]=t;  }
```

说明：本程序中，冒泡法排序用了for循环嵌套，其中外层for循环控制比较轮数，内层for循环控制第i轮的比较次数。需要注意，若外层循环变量i从0开始，则对应的程序

代码需改为：for(i=0; i<N−1; i++)

for(j=0; j<N−i−1; j++)

【思考】 若参与排序的多个数据在某轮排序前，恰好已经按照由小到大排序，则用上面的冒泡法程序进行排序时，存在什么问题？如何改进？

2. 选择排序法

假设有n个待排序的数据存放在a[0]～a[n−1]中，现使用选择法对这n个数据进行由小到大排序。所谓选择排序法，首先在n个数据中选择最小值放在a[0]位置：假设n个数据中的最小值在a[k]位置，则需要将a[0]位置和a[k]位置上的数据进行交换，即可实现将最小值放在a[0]位置；然后在剩余的n−1个数据中选择最小值放在a[1]位置；在剩余的n−2个数据中选择最小值放在a[2]位置；……；直到剩下最后1个数据是这n个数据中的最大值，占用a[n−1]位置，无须继续选择。

下面以5个数据（比如2、4、5、3、0）进行由小到大排序为例，说明选择排序法的过程，如图3-3所示。

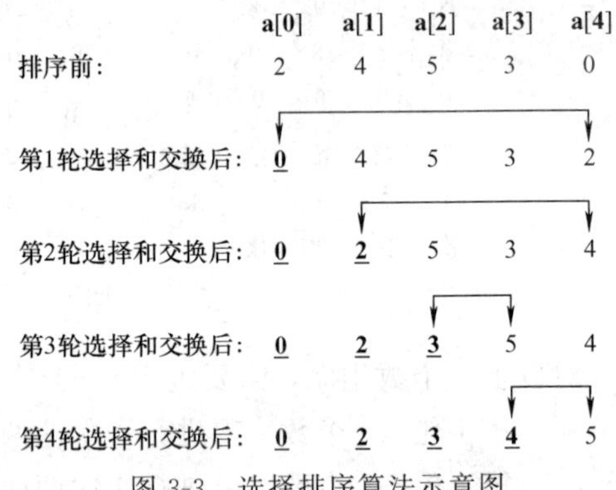

图3-3 选择排序算法示意图

不难看出，对n个数采用选择法排序时，需要进行n−1轮的选择和交换操作。每一轮操作过程，关键任务是在对应的多个数据中寻找最小值所处的位置，这需要通过一系列的比较来实现。我们可以设一个变量k充当"记录员"，记录每轮最小值所处的位置。如图3-3中的第1轮操作，先假定a[0]为最小值，即k=0，在比较过程中，只要遇到比a[k]小的数据，就要更新k的值，这样一轮比较结束后，k的值就是该轮最小值所处的位置；然后对a[0]和a[k]进行数据交换，即可实现将第一轮的最小值放在a[0]位置。

根据上述分析，选择排序算法程序设计如下：

```
#define N   5         //待排序的数据个数
int    a[N];          //数组a存放待排序的数据
int i,j,k,t;
//选择法排序(由小到大):小数在前面，大数在后面
for(i=0;i<N-1;i++)                    // N个数，共需比较N-1轮
{
    k=i;                              //先假定该轮第1个数为最小值
    for(j=i+1;j<N;j++)                //寻找该轮最小值所处的位置
        if(a[j]<a[k])   k=j;
    if(k! =i)       //若该轮最小值的位置有更新，则要进行数据交换
    {   t=a[i];   a[i]=a[k];   a[k]=t;      }
}
```

下面编写完整的程序，使用上述冒泡法和选择法对n个数进行排序，其中可通过条件编

译选用不同的排序方法。

```
#include <stdio.h>
#define  N  5          //宏定义符号常量N:参与排序的数据个数
#define  MP            //宏定义符号常量MP
void main( )
{
    int a[N];          //定义数组,存放待排序的一组数据
    int i,j,k,t;       //定义变量i、j、k、t
    printf("请输入 %d 个整数:",N);
    for(i=0;i<N;i++)
        scanf("%d",&a[i]);   //将N个数据存入数组
    printf("排序前:");
    for(i=0;i<N;i++)
        printf("%5d",a[i]);  //输出排序前的N个数据
    printf("\n");
  #ifdef MP     //条件编译
    //冒泡法排序(由小到大):小数在前面,大数在后面
    for(i=1;i<N;i++)                  //N个数,共需比较N-1轮
        for(j=0;j<N-i;j++)            //第i轮需要比较N-i次
            if(a[j]>a[j+1])           //依次比较两个相邻的数,将大数放后面
            {  t=a[j];  a[j]=a[j+1];  a[j+1]=t;  }
  #else
    //选择法排序(由小到大):小数在前面,大数在后面
    for(i=0;i<N-1;i++)                // N个数,共需比较N-1轮
    {  k=i;                           //先假定该轮第1个数为最小值
        for(j=i+1;j<N;j++)            //寻找该轮最小值所处的位置
            if(a[j]<a[k])   k=j;
        if(k! =i)            //若该轮最小值的位置有更新,则要进行数据交换
        {  t=a[i];  a[i]=a[k];  a[k]=t;  }
    }
  #endif
    printf("排序后:");
    for(i=0;i<N;i++)
        printf("%5d",a[i]);  //输出排序后的N个数据,输出数据的最小宽度是5
    printf("\n");
}
```

运行情况:

```
请输入5个整数:2 -1 0 -5 6
排序前:     2    -1     0    -5     6
排序后:    -5    -1     0     2     6
```

本程序中若宏定义符号常量MP，则采用冒泡法排序，否则采用选择法排序。不论采用哪种方法排序，运行结果都是相同的。

【思考与总结】

在参与排序的数据元素个数较少时，可采用冒泡排序法或选择排序法，这样程序简单，资源开销很小。若应用于嵌入式系统，一般可在片内RAM中执行。

若参与排序的数据元素规模较大（如结构体）时，应采用数据交换次数较少的选择排序法，以节省程序执行时间。

【例3.3】 51单片机控制流水灯。

单片机通过P1口控制流水灯的电路如图3-4所示，若要实现LED小灯从左至右依次轮流点亮，P1口的数据编码如表3-1所示。

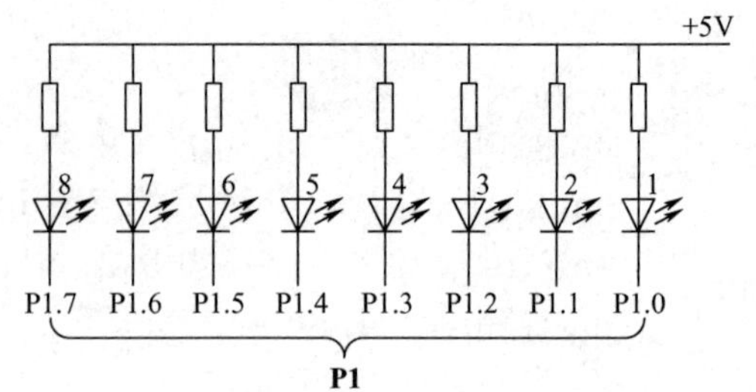

图3-4 单片机P1口控制的流水灯电路

表3-1 单片机控制流水灯P1口编码及对应的效果

P1.7	P1.6	P1.5	P1.4	P1.3	P1.2	P1.1	P1.0	P1口编码	效果
1	1	1	1	1	1	1	1	0xff	全灭
0	1	1	1	1	1	1	1	0x7f	8号灯亮
1	0	1	1	1	1	1	1	0xbf	7号灯亮
1	1	0	1	1	1	1	1	0xdf	6号灯亮
1	1	1	0	1	1	1	1	0xef	5号灯亮
1	1	1	1	0	1	1	1	0xf7	4号灯亮
1	1	1	1	1	0	1	1	0xfb	3号灯亮
1	1	1	1	1	1	0	1	0xfd	2号灯亮
1	1	1	1	1	1	1	0	0xfe	1号灯亮

可将P1口的9个编码数据用一个数组来管理，并用循环结构依次取出各数组元素送P1口，即可实现要求的流水灯显示效果。参考程序如下：

```
#include <reg52.h>
#define uchar unsigned char
#define uint  unsigned int
uchar dispcode[9]={0xff,0x7f,0xbf,0xdf,0xef,0xf7,0xfb,0xfd,0xfe};//用数组存放编码
void delay(uint t)      //延时函数
{
    for(;t>0;t--);
}
void main( )
{
    uchar i;
    while(1)
```

```
    {
        for(i=0;i<9;i++)
        {
            P1=dispcode[i];
            delay(10000);       //延时
        }
    }
}
```

【思考与实验】 若要实现 LED 小灯自右至左依次轮流点亮，P1 口数据编码及程序如何修改？

3.2　二维数组

可用 1 个一维数组存放 1 名学生的语文、数学、英语 3 门课的成绩，而如何存放多名学生的语文、数学、英语 3 门课的成绩呢？在 C 语言中，可用二维数组解决此类问题。在嵌入式软件设计中，二维数组可用于点阵显示码、液晶显示码等编码的存取。

3.2.1　定义二维数组的方法

定义二维数组的一般形式如下：

类型标识符　数组名［常量表达式 1］［常量表达式 2］;

其中常量表达式 1 表示二维数组的行数，常量表达式 2 表示二维数组的列数。

例如：　int a[3][4];

表示定义了一个 3 行 4 列的整型数组，共有 3×4 个元素，每个元素都有自己的编号：

	第 1 列	**第 2 列**	**第 3 列**	**第 4 列**
第 1 行：	a[0][0]	a[0][1]	a[0][2]	a[0][3]
第 2 行：	a[1][0]	a[1][1]	a[1][2]	a[1][3]
第 3 行：	a[2][0]	a[2][1]	a[2][2]	a[2][3]

定义数组之后，系统会为数组 a 分配连续的 12 个整型内存空间，用来存储 12 个数组元素。在 C 语言中，二维数组中元素排列的顺序是按“行”存放的，即在内存中先顺序存放第一行的元素，再顺序存放第二行的元素，如图 3-5 所示。同样地，数组名 a 代表该数组的首地址（数组首元素的地址）。

在 C 语言中，又可以把二维数组 a 看作是一个一维数组，如图 3-6 所示，它有 3 个元素：a[0]、a[1]、a[2]，而每个元素又是一个包含 4 个元素的一维数组，此时把 a[0]、a[1]、a[2]看作一维数组名，例如第一行元素：**a[0]**[0]、**a[0]**[1]、**a[0]**[2]、**a[0]**[3]。

3.2.2　二维数组的初始化

C 语言允许在定义二维数组时，对其元素初始化赋值。

(1) 分行给二维数组赋初值　例如：　int a[3][4]={{1,2,3,4},{5,6,7,8},{9,10,11,12}};

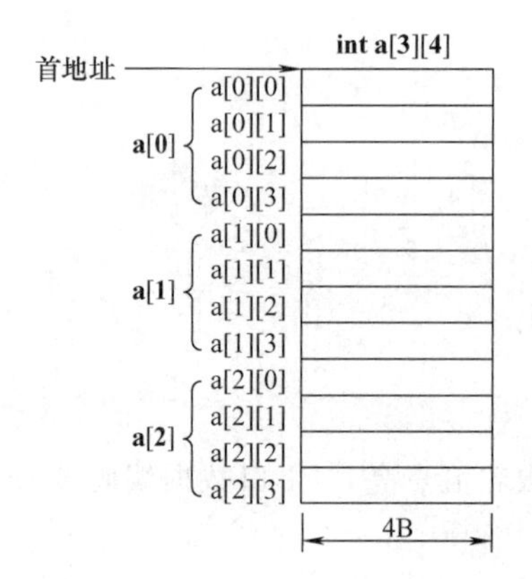

图 3-5　二维数组在内存中的存储形式

int a[3][4]

a[0]	**a[0][0]**	**a[0][1]**	**a[0][2]**	**a[0][3]**
a[1]	**a[1][0]**	**a[1][1]**	**a[1][2]**	**a[1][3]**
a[2]	**a[2][0]**	**a[2][1]**	**a[2][2]**	**a[2][3]**

图 3-6　二维数组看作一维数组

这种赋初值方法比较直观，把第 1 个花括号内的数据赋给第 1 行的元素，第 2 个花括号内的数据赋给第 2 行的元素，……，即按行赋初值。

（2）将所有数据写在一个花括号内，按数组排列的顺序给元素赋初值　例如：

int a[3][4]={1,2,3,4,5,6,7,8,9,10,11,12};

效果与第（1）种方法相同，但建议用第（1）种方法，一行对一行，不易出错。

（3）可以给部分元素赋初值　例如：　int a[3][4]={{1},{5},{9}};

赋值后数组 a 中的元素为：$\begin{pmatrix} 1 & 0 & 0 & 0 \\ 5 & 0 & 0 & 0 \\ 9 & 0 & 0 & 0 \end{pmatrix}$

（4）如果对全部元素都赋初值，则定义数组时，对第一维的长度（行数）可以不指定，但第二维的长度不能省略　例如：int a[ ][4]={1,2,3,4,5,6,7,8,9,10,11,12};

与第（2）种效果相同。

3.2.3　二维数组元素的引用

C 规定，只能引用某个数组元素而不能一次引用整个数组。二维数组元素的引用形式为：　**数组名［下标］［下标］**

下标其实就是数组元素的编号，只能为整型常量或整型表达式。

【例 3.4】　二维数组元素的引用：二维数组元素的赋值和输出。

```
#include <stdio.h>
void main( )
{
    int a[3][4];              //定义二维数组
    int i,j;
    printf("请输入 12 个整数:");
    for(i=0;i<3;i++)                  //二维数组的行
        for(j=0;j<4;j++)              //二维数组的列
```

```
            scanf("%d",&a[i][j]);           //向数组 a 赋值
    for(i=0;i<3;i++)
        for(j=0;j<4;j++)
            printf("a[%d][%d]=%d\n",i,j,a[i][j]);   //输出数组 a 的 12 个元素值
}
```

运行情况：

```
请输入12个整数:1  2  3  4  5  6  7  8 9  10  11  12
a[0][0]=1
a[0][1]=2
a[0][2]=3
a[0][3]=4
a[1][0]=5
a[1][1]=6
a[1][2]=7
a[1][3]=8
a[2][0]=9
a[2][1]=10
a[2][2]=11
a[2][3]=12
```

3.2.4　二维数组的应用

【例 3.5】 有一个 3×4 的矩阵，要求编程求出其中值最大的那个元素的值，及其所在的行号和列号。参考程序如下：

```
#include <stdio.h>
void main( )
{
    int i,j,max,row=0,colum=0;          //变量 i 表示行，j 表示列
    int a[3][4]={{1,2,3,4},{5,6,7,8},{9,10,11,12}};
    max=a[0][0];
    for(i=0;i<3;i++)
        for(j=0;j<4;j++)
            if(a[i][j]>max)
            {   max=a[i][j];   row=i+1;   colum=j+1;       }
    printf("最大值=%d,行=%d,列=%d\n",max,row,colum);
}
```

运行结果：`最大值=12,行=3,列=4`

【思考与实验】 能否将程序中的“max=a[0][0];”改为“max=0;”?

3.3　字符数组

用来存放字符型数据的数组是字符数组，字符数组中的每个元素存放一个字符。

3.3.1 定义字符数组的方法

定义字符数组的一般形式与前面介绍的数值数组相同。

例如： char c[10];

表示定义了一个一维的字符数组 c，有 10 个数组元素。定义数组之后，系统会为数组 c 分配连续的 10 个字节的内存空间，用来存储 10 个数组元素（字符型数据），如图 3-7 所示。同样地，数组名 c 代表该数组的首地址。

图 3-7 字符数组在内存中的存储形式

再如： char c[3][4];

表示定义一个二维的字符数组，共有 3×4 个元素，可用于存放 12 个字符型数据。

3.3.2 字符数组的初始化

在定义字符数组时，对其进行初始化有两种方法。

1. 逐个字符赋值法

(1) 对全部元素赋初值 例如： char c[5]={'a','b','c','d','e'};

赋值后：c[0]='a'，c[1]='b'，c[2]='c'，c[3]='d'，c[4]='e'。此时，对数组的全部元素赋初值，由于数据的个数已经确定，因此可以不指定数组长度，即可写成：

char c[ ]={'a','b','c','d','e'};

(2) 对部分元素赋初值 例如： char c[6]={ 'a', 'b', 'c', 'd', 'e'};

表示定义的数组 c 有 6 个元素，但花括号内只给前 5 个元素赋初值，最后 1 个元素由系统自动赋空字符'\0'，如图 3-8所示。

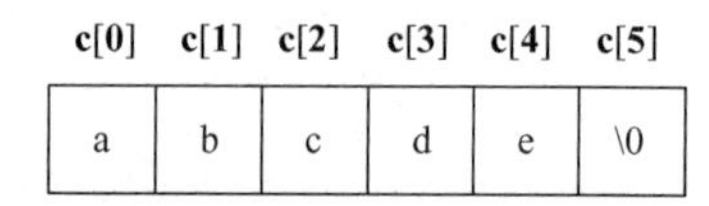

图 3-8 字符数组 c 各元素的值

注意：初值个数不能超过指定的元素个数 如下面语句是错误的：

char c[5]={'a','b','c','d','e','f'};

2. 字符串常量赋值法

将字符串常量赋给字符数组，例如： char c[ ]={"abcde"};

也可省略花括号，直接写成： char c[ ]="abcde";

通过 1.3.3 节的介绍，我们知道字符串常量 "abcde" 在内存中的存储情况如下：

a	b	c	d	e	\0

即在字符串常量的最后，由系统自动加上一个结束符'\0'。因此，数组 c 的长度是 6，元素赋值情况如图 3-8 所示。

说明：

1）通过语句“char c[10]="abcde";”定义的字符数组 c 在内存中的存储情况如下：

a	b	c	d	e	\0	\0	\0	\0	\0

2）**C 语言对字符串常量是按字符数组处理的，在内存中开辟一个字符数组来存放该字符串常量**，这将在后续 5.4 节“指向字符串的指针”中进一步介绍。

【思考】 通过下面两种方式给字符数组 c 赋值，是否有区别？

①char c[ ]={'a','b','c','d','e'};

②char c[ ]="abcde";

3.3.3 字符数组元素的引用

字符数组的引用形式与前面介绍的数值数组相同，可以引用字符数组中的一个元素而得到一个字符。

【例 3.6】 字符数组元素的引用：输出字符数组元素的值。

```
#include <stdio.h>
void main( )
{
    char a[5]={'a','b','c','d','e'};      //定义字符数组并初始化
    char b[6]= "12345";
    int i;
    printf("字符数组 a:");
    for(i=0;i<5;i++)
        printf("%c",a[i]);                //字符数组 a 元素的引用
    printf("\n");
    printf("字符数组 b:");
    for(i=0;i<6;i++)
        printf("%c",b[i]);                //字符数组 b 元素的引用
    printf("\n");
}
```

运行结果：

```
字符数组a:abcde
字符数组b:12345
```

3.3.4 字符数组的输入、输出

字符数组的输入、输出有两种方法。

1. 用格式符“%c”逐个字符输入、输出

【例 3.7】 字符数组逐个字符的输入、输出。

```
#include <stdio.h>
void main( )
{
    int i;
    char c[5];                    //定义字符数组
    printf("请输入 5 个字符:");
    for(i=0;i<5;i++)
        scanf("%c",&c[i]); //逐个字符输入
    printf("字符数组元素:");
    for(i=0;i<5;i++)
```

```
        printf("%c",c[i]);   //逐个字符输出
    printf("\n");
}
```

运行情况：

```
请输入5个字符:abc12
字符数组元素: abc12
```

在输入字符时，系统将输入的空格、回车符作为有效字符赋给数组元素。例如：

```
请输入5个字符:a b c d e
字符数组元素: a b c
```

2. 用格式符“%s”对整个字符串一次输入、输出

【例 3.8】 字符串的格式化输入、输出。

```
#include <stdio.h>
void main( )
{
    char str[10];
    printf("请输入字符串:");
    scanf("%s",str);       //输入字符串
    printf("%s\n",str);  //输出字符数组对应的字符串
}
```

运行情况：

```
请输入字符串:abcdef
abcdef
```

说明：

1）用“%s”格式符输出字符串时，printf 函数中的输出项是字符数组名，而不是数组元素名，并且输出的字符不包括结束符'\0'。

2）用“%s”格式符输入字符串时，scanf 函数中的地址项是字符数组名，因为在 C 语言中，数组名就代表了数组的首地址。

3）用 scanf 函数输入字符串时，若输入空格或回车，系统则认为是字符串结束符'\0'。例如在本例程序运行时，若输入字符串 "abc def"，运行结果如下：

```
请输入字符串:abc def
abc
```

可见，系统只将空格前的字符串 "abc" 送入数组 str 中。那如何将含有空格的字符串送给一个字符数组呢？最简单的办法是用后面介绍的 gets 函数来实现。

【例 3.9】 多个字符串的格式化输入和输出。

```
#include <stdio.h>
void main( )
{
    char str1[10],str2[10],str3[10];
    printf("请输入 3 个字符串:");
    scanf("%s%s%s",str1,str2,str3);        //输入 3 个字符串
    printf("%s %s %s\n",str1,str2,str3);  //输出 3 个字符串
}
```

运行情况：
```
请输入3个字符串:ABCDEFG 1234567 abcdefg
ABCDEFG 1234567 abcdefg
```

用 scanf 函数输入多个字符串时，在字符串之间可用空格、回车或＜Tab＞键作分隔。

3.3.5　字符串处理函数

C 语言提供了丰富的字符串处理函数，大致可分为字符串的输入、输出、合并、修改、比较、转换、复制、搜索几类，使用这些函数可大大减轻编程的负担。下面介绍几种常用的字符串处理函数。其中，字符串输入函数和输出函数，在使用前应包含头文件“stdio. h”；而其他字符串处理函数，在使用前应包含头文件“string. h”。

1. 字符串输出函数——puts 函数

一般形式为：　**puts(str)；**

其中，str 为字符数组名，其作用是将字符数组 str 中存放的字符串输出到显示终端，并换行。

2. 字符串输入函数——gets 函数

一般形式为：　**gets(str)；**

其作用是从键盘输入一个字符串（可包含空格）到字符数组 str 中，回车符作为字符串输入的结束符。

3. 字符串连接函数——strcat 函数

一般形式为：　**strcat(字符数组 1，字符串或字符数组 2)；**

其作用是将字符串或字符数组 2 中的字符串连接到字符数组 1 中字符串的后面，结果放在字符数组 1 中，函数调用后得到一个函数值——字符数组 1 的地址。

说明：

1）字符数组 1 必须足够大，以便容纳连接后的新字符串。

2）连接前，两个字符串的最后都有结束符标志′\0′，连接时将字符串 1 最后的′\0′取消，只在新字符串最后保留′\0′。

4. 字符串复制函数——strcpy 函数

一般形式为：　**strcpy(字符数组 1，字符串或字符数组 2)；**

其作用是将字符串或字符数组 2 中的字符串复制到字符数组 1 中。

说明：

1）字符数组 1 的长度必须大于字符串的长度，或不小于字符数组 2 的长度，以便容纳被复制的字符串。

2）字符数组在定义声明后，不能用赋值语句将一个字符串常量或字符数组直接赋给一个字符数组，而只能用 strcpy 函数将一个字符串常量或字符数组复制到另一个字符数组中去。用赋值语句只能将一个字符赋给一个字符型变量或字符数组元素。

如：char c[6]；　　　　//定义字符数组 c

　　char d[6]="abcde"　　//定义字符数组 d，同时将字符串常量 "abcde" 赋给数组 d

在定义字符数组 c 之后，若要实现将字符串常量 "abcde" 赋给字符数组 c，则下面的语句：　c="abcde"；　　　//不合法

　　c=d；　　　　　　//不合法

```
strcpy(c,"abcde");   //合法
strcpy(c,d);         //合法
c[0]='a'; c[1]= 'b'; c[2]='c'; c[3]='d'; c[4]='e'; c[5]='\0'; //合法
```

5. 字符串比较大小函数——strcmp 函数

一般形式为： **strcmp（字符数组1或字符串1，字符数组2或字符串2）；**

其作用是比较两个字符串大小。字符串比较的规则是：对两个字符串自左至右逐个字符相比较（按ASCII码值大小比较），直到出现不同的字符或遇到'\0'为止。

1）如果字符串1=字符串2，则函数值为0。

2）如果字符串1>字符串2，则函数值是一个正整数1。

3）如果字符串1<字符串2，则函数值是一个负整数-1。

两个字符串进行比较时，要注意：

不能用： if(str1>str2) printf("OK!");

而只能用： if((strcmp(str1,str2)>0) printf("OK!");

6. 字符串长度测试函数——strlen 函数

一般形式为： **strlen(字符串或字符数组)；**

其作用是测试字符串的实际长度（不包括'\0'在内）。

7. 字符串转换函数（大写转换为小写）——strlwr 函数

一般形式为： **strlwr(str)；**

其作用是将字符数组 str 字符串中的大写字母转换成小写字母。

8. 字符串转换函数（小写转换为大写）——strupr 函数

一般形式为： **strupr(str)；**

其作用是将字符数组 str 字符串中的小写字母转换成大写字母。

以上介绍了常用的8种字符串处理函数，实际上，C编译系统提供了更多的字符串处理函数，必要时可以查询相关的字符串处理库函数。

【例3.10】 字符串处理函数的使用。

```
#include <stdio.h>
#include <string.h>
void main( )
{
    char str1[20],str2[10];              //定义两个字符数组
    printf("请输入字符串给 str1:");
    gets(str1);                          //字符串输入
    printf("请输入字符串给 str2:");
    gets(str2);
    printf("str1 字符串:");
    puts(str1);                          //字符串输出
    printf("str2 字符串:");
    puts(str2);
    printf("str1 与 str2 连接后,str1 串:");
```

```
    strcat(str1,str2);                  //字符串连接
    puts(str1);
    printf("str1 与字符串 ABC 连接后,str1 串:");
    strcat(str1,"ABC");                 //字符串连接
    puts(str1);
    printf("str2 复制到 str1 后,str1 串:");
    strcpy(str1,str2);                  //字符串复制
    puts(str1);
    printf("字符串 XYZ 复制到 str2 后,str2 串:");
    strcpy(str2,"XYZ");                 //字符串复制
    puts(str2);
    printf("str1 与 str2 比较结果:");
    if(strcmp(str1,str2)>0)             //字符串比较
        printf("str1>str2\n");
    else
        if(strcmp(str1,str2)<0)
            printf("str1<str2\n");
        else
            printf("str1=str2\n");
    printf("字符串 ABC 与字符串 abc 比较结果:%d\n",strcmp("ABC","abc"));
    printf("str1 串的实际长度=%d\n",strlen(str1));  //字符串长度测试
    printf("字符串\"abcde\"的实际长度=%d\n",strlen("abcde"));  //字符串长度测试
    printf("字母 XyZ 的小写方式:");
    strcpy(str1,"XyZ");                              //字符串大写转换为小写
    puts(strlwr(str1));
    printf("字母 Ijk 的大写方式:");
    strcpy(str1,"Ijk");                              //字符串小写转换为大写
    printf("%s\n",strupr(str1));
}
```

运行情况:

```
请输入字符串给str1:abc
请输入字符串给str2:123
str1字符串:abc
str2字符串:123
str1与str2连接后, str1串: abc123
str1与字符串ABC连接后, str1串: abc123ABC
str2复制到str1后, str1串: 123
字符串XYZ复制到str2后, str2串: XYZ
str1与str2比较结果: str1<str2
字符串ABC与字符串abc比较结果: -1
str1串的实际长度=3
字符串"abcde"的实际长度=5
字母XyZ的小写方式: xyz
字母Ijk的大写方式: IJK
```

练 习 题

一、选择题

1. 关于数组元素类型的说法，下列（　　）项是正确的。

A. 必须是整数类型　　B. 必须是整型或实型

C. 必须是相同数据类型　　D. 可以是不同数据类型

2. 合法的数组定义是（　　）。

A. int a[ ]="string";　　B. int a[5]={0,1,2,3,4,5};

C. char a="string";　　D. char a[ ]={0,1,2,3,4,5};

3. C语言中，数组名代表（　　）。

A. 数组全部元素的值　　B. 数组首地址

C. 数组第一个元素的值　　D. 数组元素的个数

4. 数组 a[2][2] 的元素排列次序是（　　）。

A. a[0][0]、a[0][1]、a[1][0]、a[1][1]

B. a[0][0]、a[1][0]、a[0][1]、a[1][1]

C. a[1][1]、a[1][2]、a[2][1]、a[2][2]

D. a[1][1]、a[2][1]、a[1][2]、a[2][2]

5. 下列语句错误的是（　　）。

A. char s[7]={'s','t','u','d','e','n','t'};

B. char s[8]="student";

C. char s[8]; strcpy(s,"student");

D. char s[8]; s="student";

6. 下列哪个函数可以进行字符串比较?（　　）

A. strlen(s)　　B. strcpy(s1, s2)　　C. strcmp(s1, s2)　　D. strcat(s1, s2)

7. 下列关于输入、输出字符串的说法哪一项是正确的?（　　）

A. 使用 gets(s) 函数输入字符串时，应在字符串末尾输入“\0”

B. 使用 puts(s) 函数输出字符串时，输出结束会自动换行

C. 使用 puts(s) 函数输出字符串时，当输出“\n”时才换行

D. 使用 printf("%s", s) 函数输出字符串时，输出结束会自动换行

8. 若有定义和语句“char s[10]; s="abcd"; printf("%s\n", s);”，则结果是（　　）(以下 u 代表空格)。

A. 输出 abcd　　B. 输出 a

C. 输出 abcd u u u u u　　D. 编译不通过

9. 若有语句“char str[10]={"china" }; printf("%d", strlen(str));”，则输出结果是（　　）。

A. 10　　B. 5　　C. china　　D. 6

10. 以下程序的输出结果是（　　）。

void main( )

```
{       int   a[8]={2,3,4,5,6,7,8,9},i,r=1;
        for(i=0;i<=3;i++)
            r=r*a[i];
        printf("%d\n",r);
}
```

A. 720　　B. 120　　C. 24　　D. 6

11. 下列程序的输出结果是（　　）。

```
void main( )
{  int a[3][3]={1,2,3,4,5,6,7,8,9},sum=0,i,j;
   for(i=0;i<3;i++)
        for(j=0;j<3;j++)
            if(i==j)   sum+=a[i][j];
   printf("sum=%d\n",sum);
}
```

A. 14　　B. 16　　C. 18　　D. 15

二、程序设计题

12. 编写程序，输入 10 个整数，找出其中的最大值。

13. 编写程序，输入一个字符串，然后将其倒序输出。

第4章 函 数

【学习目标】

1. 掌握定义函数的方法；
2. 理解函数参数传递及函数返回值的概念；
3. 掌握函数的3种调用方法；
4. 掌握普通变量和数组作为函数参数传递的方法；
5. 理解并区别变量的类型；
6. 掌握内部函数和外部函数的概念。

4.1 函数概述

一个C源程序由一个主函数（main函数）和若干个其他函数组成，函数是C源程序的基本模块，通过对函数模块的调用实现特定的功能。可以说C程序的全部工作都是由各式各样的函数完成的，所以C语言也称为函数式语言。由于采用了函数模块式的结构，C语言易于实现结构化程序设计，使程序的层次结构清晰，便于程序的编写、阅读和调试。

在C语言中可从不同的角度对函数进行分类。

1. 从定义函数的角度进行分类

函数可分为库函数和用户自定义函数两种：

（1）库函数 由C编译系统提供，用户不用定义，只需在代码的最前用包含相应的头文件即可在程序中直接调用。例如，被包含在“stdio. h”头文件中的printf、scanf、getchar、putchar、gets、puts等函数，“math. h”头文件中的abs、sin、cos、log等函数，均属于库函数。应当说明，不同的C语言编译系统提供的库函数的数量和功能不尽相同，例如在嵌入式Keil C51编译系统中，也有专门用于51单片机的库函数，如_nop_()、_crol_()等函数。在C程序设计中，可通过网络查询了解库函数，并加以应用。

（2）用户自定义函数 用户根据需要，将实现某个功能的代码编写成相对独立的函数。

2. 从有无返回值的角度进行分类

函数可分为有返回值函数和无返回值函数两种：

（1）有返回值函数 此类函数被调用执行完后将向调用者返回一个执行结果，称为函数返回值，如数学函数即属于此类函数。由用户定义的这种要返回函数值的函数，必须在函数定义和函数声明中明确返回值的类型。

（2）无返回值函数 此类函数用于完成某项特定的处理任务，执行完成后不向调用者返回函数值。由于函数无需返回值，用户在定义此类函数时可指定它的函数类型为“空类型”，空类型的标识符为“void”。

3. 从主调函数和被调函数之间数据传递的角度进行分类

函数可分为无参函数和有参函数两种：

（1）无参函数　函数定义、函数声明及函数调用中均不带参数，主调函数和被调函数之间不进行参数传送。此类函数通常用来完成一组指定的功能，可以返回或不返回函数值。

（2）有参函数　有参函数也称为带参函数，在函数定义及函数声明时都有参数，称为形式参数（简称形参）；在函数调用时也必须给出参数，称为实际参数（简称实参）。进行函数调用时，主调函数将把实参的值传递给形参，供被调函数使用。

还应该指出的是，在 C 语言中，所有的函数，包括主函数（main 函数）在内，都是平行的。也就是说，在一个函数的函数体内，不能再定义另一个函数，即不能嵌套定义。但是函数之间允许相互调用，也允许嵌套调用，函数还可自己调用自己，称为递归调用。

main 函数是主函数，它可以调用其他函数，而不允许被其他函数调用。因此，C 程序的执行总是从 main 函数开始，完成对其他函数的调用后再返回到 main 函数，最后由 main 函数结束整个程序。一个 C 源程序必须有且只能有一个 main 函数。

4.2　定义函数的方法

在程序设计的过程中，用户经常会根据需要，将实现特定功能的一段程序定义为一个函数，下面介绍函数的定义形式。

4.2.1　定义无参函数

定义无参函数的一般形式如下：

```
类型标识符 函数名( )
{
    声明部分
    执行部分
}
```

其中，类型标识符和函数名组成**函数首部**。类型标识符指明了函数的类型，函数的类型实际上是函数返回值的类型。函数名是由用户定义的标识符，函数名后加一个括号。

{} 中的内容称为**函数体**。函数体由声明语句和执行语句两部分组成，其中，声明部分是对函数体内部所用到的变量、类型或其他函数的声明。

例如，定义 fun 函数：

```
int fun( )
{
    int i,j;          } 声明部分
    int sum=0;
    i=2;j=3;          }
    sum=i+j;          } 执行部分
    return(sum);      }
}
```

上面定义的fun函数，函数类型为int型，实际是函数返回值（变量sum）的类型。

说明：

1）书写函数体时，一般先写声明部分，后写执行部分。若将上述的fun函数体的前三行写成：

```
int i,j;        //声明语句
i=2;j=3;        //执行语句
int sum=0;      //声明语句
```

则系统编译不通过。

若函数体中含有复合执行语句，则在复合执行语句中也可以有声明语句，这将在4.5.1节的“局部变量”中举例说明。

2）若函数无需返回值，则函数类型可定义为void类型。例如，定义Hello函数：

```
void Hello( )
{
    printf("Hello world \n");
}
```

Hello函数无返回值，当被其他函数调用时，输出"Hello world"字符串。

4.2.2 定义有参函数

定义有参函数的一般形式如下：

```
类型标识符 函数名(形参列表)
{
    声明部分
    执行部分
}
```

有参函数比无参函数多了一个内容，即形参列表。形参可以是各种类型的变量，若有多个形参，形参之间要用逗号分隔。在进行函数调用时，主调函数将实际参数传递给形式参数。形参既然是变量，因此必须在形参列表中给出形参的类型标识符。

例如，把“求两个数中的最大值”程序段定义成一个max函数：

```
int max(int x,int y)
{
    int z;
    if(x>y)z=x;
    else    z=y;
    return  (z);
}
```

第一行是函数首部，声明max函数是一个整型函数，其函数返回值是一个整数数据。两个形参x、y均为整型变量，x、y的具体值是由主调函数在调用时传递过来的。max函数体中的return语句是把z的值作为函数值返回给主调函数。**有返回值的函数中至少应有一个return语句。**

4.2.3　定义空函数

定义空函数的一般形式如下：

类型标识符 函数名( )

{ }

例如：　　void sort( )

{ }

调用此函数时，什么工作也不做，没有任何实际作用。编程过程中，如果某个函数没有编好，先占一个位置，就可以定义成空函数，等以后再用编写好的函数替代它。这样做可使程序的结构清楚，可读性好，便于在以后扩充新的功能。

4.3　函数的调用

函数定义之后，即可被其他函数调用。本节将介绍函数的一般调用、嵌套调用和递归调用 3 种调用方式。

4.3.1　函数的一般调用

函数的一般调用流程如图 4-1 所示，f1 函数在运行过程中，执行调用 f2 函数语句时，即转去执行 f2 函数，f2 函数执行完毕返回 f1 函数的断点处，继续执行 f1 函数断点后的语句。

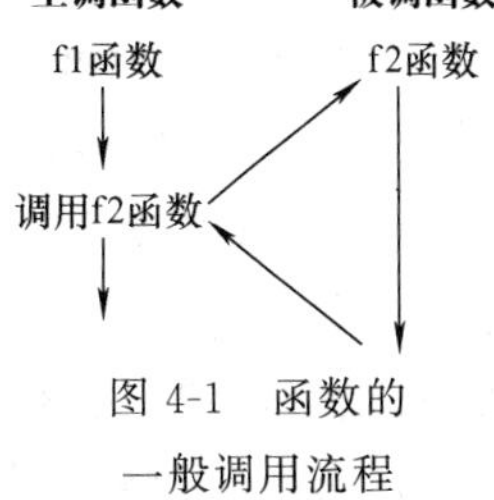

图 4-1　函数的一般调用流程

1. 函数的一般调用形式

无参函数的调用形式为：　**函数名 ( );**

有参函数的调用形式为：　**函数名 (实参列表);**

调用有参函数时，主调函数将"实参"传递给被调函数的"形参"，从而实现主调函数向被调函数进行信息传递。**如果实参列表包含多个实参，则各参数之间要用逗号隔开，实参与形参的个数应相等、类型应匹配，实参与形参按顺序对应，一一传递信息。**

【例 4.1】 函数的一般调用：求两个数的最大值。

```
#include <stdio.h>
int max(int x,int y);        //对 max 函数进行声明
void main( )
{
    int a,b,c;
    printf("请输入两个整数：");
    scanf("%d%d",&a,&b);
    c=max(a,b);        //调用 max 函数
    printf("a=%d,b=%d,max=%d\n",a,b,c);
}
int max(int x,int y)    //定义有参函数
```

```
{
    int z;
    if(x>y)z=x;
    else    z=y;
    return (z);          //向主调函数返回z的值
}
```

运行情况：

```
请输入两个整数：3  2
a=3,b=2,max=3
```

主函数调用 max 函数时，将实参 a、b 的值分别传递给 max 函数的形参 x、y，max 函数最后向主函数返回 z 的值，其调用过程如图 4-2 所示。

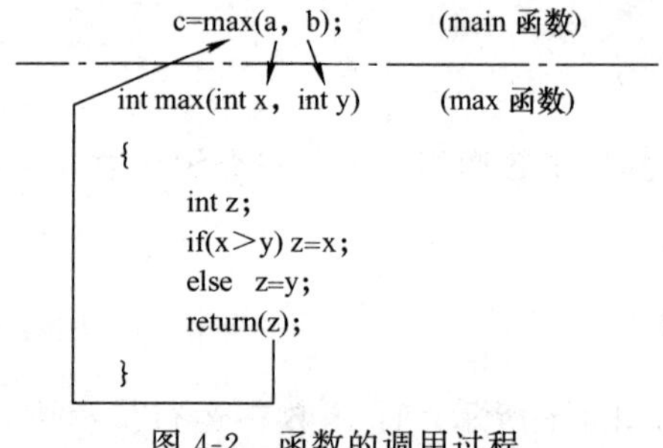

c=max(a, b);
(main 函数)
int max(int x, int y)
(max 函数)
{
int z;
if(x>y) z=x;
else z=y;
return(z);
}

图 4-2　函数的调用过程

2. 关于函数调用时“参数传递”的几点说明

1）形参变量只有在发生函数调用时才被分配内存单元。在调用结束后，形参所占用的内存单元也被释放。

2）实参向形参传递的信息，只能由实参传递给形参，而不能由形参传递给实参，即**“单向信息传递”**。实参与形参占用不同的存储空间。

3）当形参为**普通变量**（基本类型的变量）时，实参可以是常量、变量或表达式，实参向形参传递的信息为“数值”。在执行一个被调函数时，形参的数值如果发生改变，并不会改变主调函数的实参数值。

【例 4.2】 函数参数传递。

```
#include <stdio.h>
void  fun(int x,int y);       //对fun函数进行声明
void main( )
{
    int a=1,b=3;
    fun(a,b);             //调用fun函数
    printf("a=%d,b=%d\n",a,b);
}
void  fun(int x,int y)  //定义有参函数
{
    x=x+1;
```

```
    y=y+1;
    printf("x=%d,y=%d\n",x,y);
}
```

运行结果：

```
x=2,y=4
a=1,b=3
```

函数调用时，实参变量 a、b 分别向形参变量 x、y 传递数值 1 和 3，如图 4-3a 所示；在执行被调函数过程中形参变量 x、y 的值变为 2 和 4，而实参变量 a、b 的值仍为 1 和 3，如图 4-3b所示。

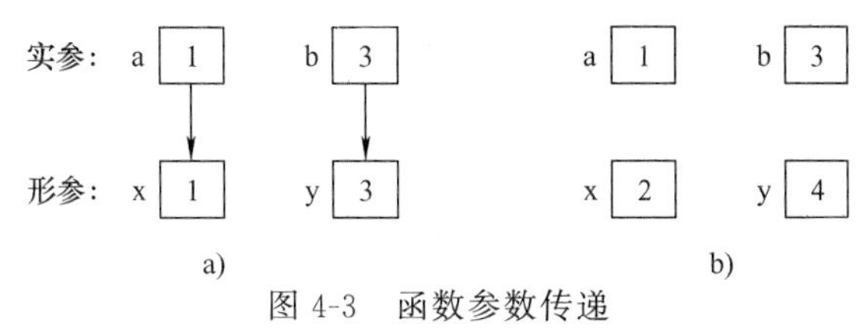

图 4-3　函数参数传递

3. 函数的值

函数的值是指函数被调用之后，执行函数体中的程序段所取得的并返回给主调函数的值，如在例 4.1 中，max(3,5) 的值是 5。对函数的值（或称函数返回值）作下列说明：

1）函数的值只能通过 return 语句返回给主调函数。return 语句的一般形式如下：

return 表达式；　　或　　return（表达式）；

该语句的功能是计算表达式的值，并返回给主调函数，如例 4.1 中 max 函数的“return (z);”语句。在函数中允许有多个 return 语句，但每次调用只能有一个 return 语句被执行，因此只能返回一个函数值。

需要说明的是，return 语句也可以不含表达式，此时必须将函数定义为 void 类型，其作用只是使流程返回到主调函数，并没有确定的函数值。

2）函数返回值的类型和函数定义中函数的类型应保持一致，若两者不一致，则以函数类型为准，自动进行类型转换。凡是不加类型标识符的函数，C 编译系统默认为整型。

3）没有返回值的函数，可以明确定义为“空类型”，类型标识符为“void”，如例 4.2 中 fun 函数并不向主调函数返回值。

4. 对被调函数的声明

在例 4.1 和例 4.2 的主调函数（主函数）的开始，都对被调函数进行了声明。如果不进行声明，编译系统对程序从上到下进行编译的过程中，遇到被调函数名时，就会认为是一个“陌生人”而报告错误，解决此问题的方法有两种。

1）在主调函数的函数体的开始，或者在源文件中所有函数的前面，对被调函数进行声明。提前向编译系统“打招呼”，让编译系统“提前认识”被调函数。

函数声明的一般形式如下：

类型标识符 被调函数名（形参类型 1　形参名 1，形参类型 2　形参名 2，…）；

或　**类型标识符 被调函数名（形参类型 1，形参类型 2，…）；**

其中第一种形式，是在被调函数首部的基础上加一分号。

2）若在主调函数前面定义被调函数，则无须额外对被调函数进行声明。

对例 4.1，可以写成下面①、②、③中的任意一种形式。尽管如此，在大型的模块化 C 语言程序设计中，一般提倡使用其中的第①种形式。

①

```
#include <stdio. h>
int max(int x,int y);
void main( )
{
    …
    c=max(a,b);
    …
}
int max(int x,int y)
{
    …
}
```

②

```
#include <stdio. h>
void main( )
{
    int max(int x,int y);
    …
    c=max(a,b);
    …
}
int max(int x,int y)
{
    …
}
```

③

```
#include <stdio. h>
int max(int x,int y)
{
    …
}
void main( )
{
    …
    c=max(a,b);
    …
}
```

需要说明的是：对库函数的调用无须再作声明，但必须要把该函数的头文件用＃include 命令包含在源文件前部。

4.3.2 函数的嵌套调用

C 语言中不允许函数嵌套定义，因此各函数之间是平行的，不存在上级函数和下级函数的问题。但 C 语言允许在一个函数的调用中出现对另一个函数的调用，这样就出现了函数的嵌套调用，即在被调函数中又调用其他函数，如图 4-4 所示。

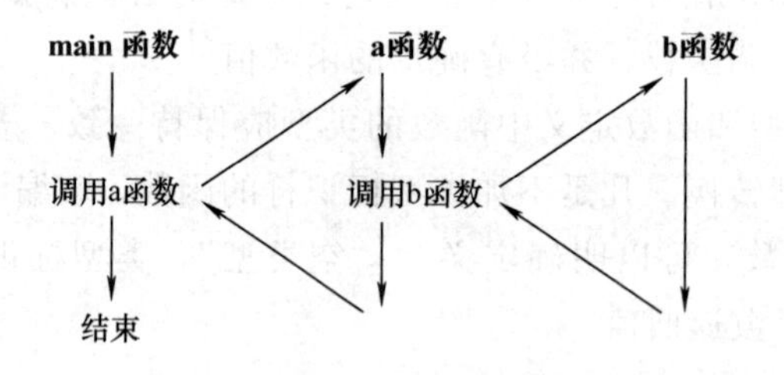

图 4-4 函数嵌套调用示意图

图 4-4 表示了两层嵌套的情形，其执行过程是，在 main 函数运行过程中调用 a 函数，即转去执行 a 函数，在 a 函数中调用 b 函数时，又转去执行 b 函数，b 函数执行完毕返回 a 函数的断点继续执行，a 函数执行完毕返回 main 函数的断点继续执行。

【例 4.3】 函数的嵌套调用：加、减、乘、除四则运算。

```
#include <stdio. h>
float add(float x,float y)     //加法函数
{
    float z=x+y;
    return (z);
```

```
}
float sub(float x,float y)      //减法函数
{
    float z=x-y;
    return (z);
}
float mul(float x,float y)      //乘法函数
{
    float z=x*y;
    return (z);
}
float div(float x,float y)      //除法函数
{
    float z=x/y;
    return (z);
}
void result(float i,float j)    //定义四则运算函数
{
    float add_result,sub_result,mul_result,div_result;
    add_result=add(i,j);            //调用加法函数
    sub_result=sub(i,j);            //调用减法函数
    mul_result=mul(i,j);            //调用乘法函数
    div_result=div(i,j);            //调用除法函数
    printf("add=%f\n",add_result);
    printf("sub=%f\n",sub_result);
    printf("mul=%f\n",mul_result);
    printf("div=%f\n",div_result);
}
void main( )
{
    float a,b;
    printf("请输入两个实数(用空格隔开):");
    scanf("%f%f",&a,&b);
    printf("a=%f,b=%f",a,b);
    printf("\n");
    result(a,b);                //调用 result 函数
}
```

运行情况：

```
请输入两个实数（用空格隔开）:3.2 1.5
a=3.200000,b=1.500000
add=4.700000
sub=1.700000
mul=4.800000
div=2.133333
```

在本例中，主函数调用 result 函数，在 result 函数中又调用 add、sub、mul、div 函数，实现了函数的嵌套调用。

4.3.3 函数的递归调用

在调用一个函数的过程中，又出现直接或间接地调用该函数本身，称为函数的递归调用，如图 4-5 所示。其中在图 4-5a 中，在 f 函数运行的过程中，又要调用 f 函数，这是直接调用函数本身。在图 4-5b 中，在 f1 函数运行的过程中，调用 f2 函数，而在 f2 函数运行过程中又要调用 f1 函数，这是间接调用函数本身。

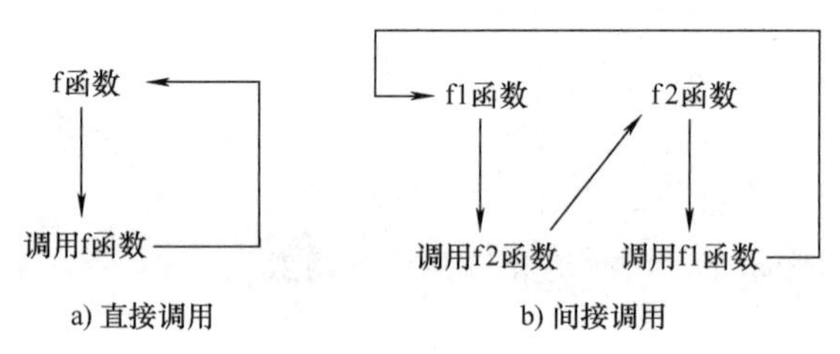

图 4-5 函数的递归调用

【例 4.4】 有 5 个人坐在一起，问第 5 个人多少岁，他说比第 4 个人大 2 岁。问第 4 个人岁数，他说比第 3 个人大 2 岁。问第 3 个人，又说比第 2 个人大 2 岁。问第 2 个人，说比第 1 个人大 2 岁。最后问第 1 个人，他说他 10 岁。请问第 5 个人多大？

显然，这是一个递归问题，即：

age(5)＝age(4)＋2

age(4)＝age(3)＋2

age(3)＝age(2)＋2

age(2)＝age(1)＋2

age(1)＝10

上述关系，可用数学公式表述：

$$age(n)=\begin{cases}10 & n=1\\ age(n-1)+2 & n>1\end{cases}$$

可见，当 n>1 时，求第 n 个人的年龄公式是相同的。因此可以用一个函数表示上述关系。求第 5 个人年龄的过程如图 4-6 所示。

一个递归的问题可以分为“回推”和“递推”两个阶段。显而易见，如果要求递归过程不是无限制地进行下去，则必须具有一个结束递归过程的条件，如本例中“age(1)＝10”就是使递归结束的条件。

参考程序如下：

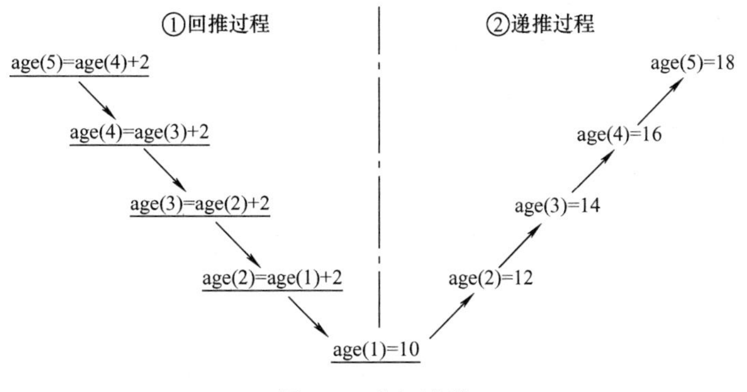

图 4-6　递归过程

```
#include <stdio.h>
int age(int n);              //函数声明
void main( )
{
    printf("第 5 个人的年龄:%d\n",age(5));  //调用 age 函数
}
int age(int n)               //求年龄的递归函数,函数参数:变量 n
{
    int c;
    if(n==1)  c=10;
    else      c=age(n-1)+2;   //函数递归调用
    return (c);
}
```

运行结果：第5个人的年龄：18

【例 4.5】 用递归方法求 n!

用递归方法计算 n!，可用下述公式表示：

$$n!=\begin{cases}1 & n=0,1\\ n(n-1)! & n>1\end{cases}$$

参考程序如下：

```
#include <stdio.h>
#include <stdlib.h>
long jc(int n)          //求阶乘的递归函数,函数参数:变量 n
{
    long x;
    if(n<0)
    {
        printf("n<0,输入错误! \n");
```

```
        exit(0);    //终止程序运行
    }
    else
    {
        if(n==0 || n==1)    x=1;
        else                x=jc(n-1) * n;     //函数递归调用
        return (x);
    }
}
void main( )
{
    int n;
    long y;
    printf("请输入一个整数：");
    scanf("%d",&n);
    y=jc(n);
    printf("%d! =%d\n",n,y);
}
```

运行情况：

```
请输入一个整数：5
5!=120
```

程序中的 exit 函数是 stdlib. h 头文件中的库函数，其作用是终止程序运行。

说明：通过例 4.4 和例 4.5 可以看出，使用递归调用思想解决问题时主要考虑以下两个问题：①递归终止的条件；②递归表达式。

4.4 数组作为函数参数传递

数组可以作为函数的参数使用，进行数据传递。**数组用作函数参数有两种形式：一种是把数组元素作为实参使用；另一种是把数组名作为函数的实参和形参使用。**

4.4.1 数组元素作函数实参

数组元素就是下标变量，因此数组元素作为函数实参时与普通变量是一样的。在函数调用时，将实参（数组元素的值）传递给形参（变量），实现 **"单向的数值传递"**。

【例 4.6】 数组元素作函数实参：根据学生课程成绩，判断考试结果。

```
#include <stdio.h>
void test(int x);       //函数声明
void main( )
{
    int a[5]={62,57,70,48,85}, i;       //将课程成绩存入数组 a 中
```

```
    for(i=0;i<5;i++)
    {
        printf("a[%d]=%d:",i,a[i]);
        test(a[i]);          //调用成绩测试函数，数组元素 a[i]作为实参
    }
}
void test(int x)        //成绩测试函数，函数参数：变量 x
{
    if(x>=60)           printf("Pass!\n");        //通过
    else                printf("Fail!\n");        //不及格
}
```

运行结果：

```
a[0]=62: Pass!
a[1]=57: Fail!
a[2]=70: Pass!
a[3]=48: Fail!
a[4]=85: Pass!
```

4.4.2　数组名作为函数参数

大家知道，数组名代表数组的首地址，因此数组名作为函数参数，实参向形参传递的信息是数组的首地址，即**“单向的地址传递”**。

数组名作为函数的实参和形参时，应在主调函数和被调函数中分别定义实参数组和形参数组，并且类型要一致，其中形参数组在定义时可以不指定大小。

【例 4.7】 数组名作为函数的实参和形参。

```
#include  <stdio.h>
void change(int b[ ],int n);  //函数声明
void main( )
{
    int a[5]={1,3,5,7,9},i;
    printf("函数调用前:");
    for(i=0;i<5;i++)
        printf("a[%d]=%d  ",i,a[i]);
    printf("\n");
    change(a,5);        //调用 change 函数,实参:数组名 a、数值 5
    printf("函数调用后:");
    for(i=0;i<5;i++)
        printf("a[%d]=%d  ",i,a[i]);
    printf("\n");
}
void change(int b[ ],int n)   //形参:数组名 b、变量 n
```

```
{
    int i;
    for(i=0;i<n;i++)
        b[i]++;
}
```

主函数调用 change 函数时，将数组名 a 和数值 5 分别传递给数组名 b 和变量 n。

运行结果：

```
函数调用前: a[0]=1  a[1]=3  a[2]=5  a[3]=7  a[4]=9
函数调用后: a[0]=2  a[1]=4  a[2]=6  a[3]=8  a[4]=10
```

可见，在函数调用之后，实参数组 a 元素的值发生了变化，下面探究其奥秘：

函数调用时，是将实参数组 a 的首地址传递给形参数组名 b，使形参数组名获得了实参数组的首地址，因此形参数组与实参数组为同一个数组，如图 4-7 所示。显然，a[0] 与b[0] 共占同一存储单元，依次类推，a[i] 与 b[i] 共占同一存储单元，因此**当形参数组各元素的值发生变化时，实参数组元素的值也随之变化**。

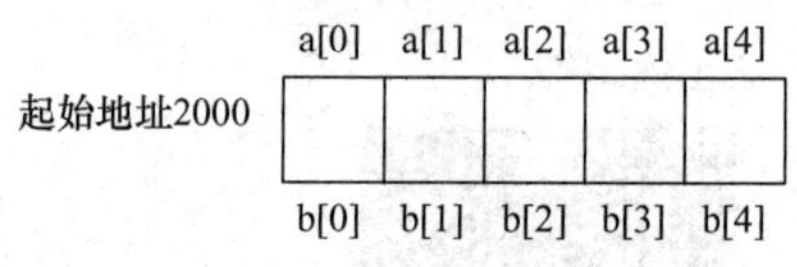

图 4-7 数组名作函数参数的传递过程

这一点与普通变量作函数参数的情况不同，在程序设计中，可以利用这一特点改变实参数组元素的值。

【例 4.8】 以数组名作为函数的参数，编写冒泡法和选择法排序程序（由小到大）。

```
#include <stdio.h>
#define  N  5         //宏定义符号常量 N：参与排序的数据个数
#define  MP           //宏定义符号常量 MP
void MPSort(int b[ ],int n)   // 冒泡排序函数，形参：数组名 b、变量 n
{
    int i,j,t;
    for(i=1;i<n;i++)              //n 个数，共需比较 n-1 轮
        for(j=0;j<n-i;j++)  //第 i 轮需要比较 n-i 次
            if(b[j]>b[j+1])    //依次比较两个相邻的数，将大数放后面
            {  t=b[j];  b[j]=b[j+1];  b[j+1]=t;     }
}
void XZSort(int b[ ],int n)   // 选择排序函数，形参：数组名 b、变量 n
{
    int i,j,k,t;
    for(i=0;i<n-1;i++)                      //n 个数，共需比较 n-1 轮
    {
        k=i;                                //先假定该轮第 1 个数为最小值
        for(j=i+1;j<n;j++)                  //寻找该轮最小值所处的位置
            if(b[j]<b[k])   k=j;
```

```
        if(k!=i)        //若该轮最小值的位置有更新，则要进行数据交换
        {   t=b[i];   b[i]=b[k];   b[k]=t;   }
    }
}
void main( )
{
    int a[N],i;
    printf("请输入 %d 个整数:",N);
    for(i=0;i<N;i++)
        scanf("%d",&a[i]);   //将 N 个数据存入数组 a
    printf("排序前:");
    for(i=0;i<N;i++)
        printf("%5d",a[i]);   //输出排序前的 N 个数据
    printf("\n");
#ifdef MP  //条件编译
    MPSort(a,N);      //调用冒泡排序函数，实参：数组名 a、数值个数 N
#else
    XZSort(a,N);      //调用选择排序函数，实参：数组名 a、数值个数 N
#endif
    printf("排序后:");
    for(i=0;i<N;i++)
        printf("%5d",a[i]);   //输出排序后的 N 个数据
    printf("\n");
}
```

运行情况：

```
请输入5个整数: 5 -1 0 12 -6
排序前:     5   -1    0   12   -6
排序后:    -6   -1    0    5   12
```

4.5　变量的类型

从变量的作用域（作用范围）角度，变量可分为局部变量和全局变量。从变量值存在的时间（生存期）角度，变量有静态存储和动态存储两种存储方式。

4.5.1　局部变量和全局变量

1. 局部变量

在函数或复合语句的内部定义的变量是内部变量，只在本函数或复合语句范围内有效，离开本函数或复合语句则无效，这称为“局部变量”。例如：

```
int f1(int a)                         //函数 f1
{
    int b,c;                          a、b、c 有效
      ⋮
}
void f2(int x,int y)                  //函数 f2
{
    int z;                            x、y、z 有效
      ⋮
}
void main( )                          //主函数
{
    int i,j;
      ⋮
    if(i>100)
    {                                 i、j 有效
        char s[30];
        gets(s);          s 有效
        process(s);
    }
}
```

在 f1 函数内定义的 3 个变量，a 为形参，b、c 为一般变量，只在 f1 函数范围内有效，即其作用域限于 f1 函数内。在 f2 函数中定义的 3 个变量 x、y、z，作用域限于 f2 函数内。在主函数内定义的两个变量 i、j，作用域限于主函数内；在复合语句中定义的字符数组 s，作用域仅限于复合语句内。

几点说明：

1）函数的形参是局部变量。

2）主函数中定义的变量也只能在主函数中使用，不能在其他函数中使用，并且主函数也不能使用其他函数中定义的变量。

3）允许在不同的函数中使用相同的变量名，它们代表不同的对象，分配不同的内存单元，互不干扰，也不会发生混淆，这就像在不同的教室可以有相同的垃圾篓一样。

4）在条件复合语句中定义局部变量的主要优点在于可以只在需要时才给它分配内存空间，这在单片机与嵌入式系统软件设计中内存不够宽裕时很有用。

2. 全局变量

大家知道，一个 C 源文件可以包含一个或若干个函数。在函数内部定义的变量是内部变量，也称“局部变量”；而在函数外部定义的变量是外部变量，也称“全局变量”。全局变量的有效范围是从定义变量的位置开始到本源文件结束。例如：

```
int m,n;                //外部变量
int f1(int a )          //函数 f1
{
    int   b,c;
      ⋮
}
char c1,c2;             //外部变量
void f2(int x,int y)    //函数 f2
{
    int   z;
      ⋮
}
void main( )            //主函数
{
    int i,j;
      ⋮
}
```

全局变量 c1、c2 的作用范围（char c1,c2; 至 main 函数结束）

全局变量 m、n 的作用范围（int m,n; 至 main 函数结束）

m、n、c1、c2 都是全局变量，但它们的作用范围不同。在 main 函数和 f2 函数中都可以使用全局变量 m、n、c1、c2，但在 f1 函数中只能使用全局变量 m、n，而不能使用变量 c1、c2。

几点说明：

1）**在程序中设置全局变量，可以打通函数之间数据联系的通道，使多个函数共用全局变量的值，实现资源共享，并且通过函数调用可以得到一个以上的值。**

【例 4.9】 输入正方体的棱长，输出其表面积和体积的大小。

```
#include <stdio.h>
float S,V;              //定义全局变量 S 和 V，分别存放表面积和体积
void sv(float x)        //求正方体的表面积和体积函数
{
    S=6 * x * x;        //计算表面积
    V=x * x * x;        //计算体积
}
void main( )
{
    float a;            //定义变量 a，存放正方体的棱长
    printf("请输入正方体的棱长：");
    scanf("%f",&a);
    sv(a);              //调用求表面积和体积函数
    printf("棱长=%6.2f,表面积=%6.2f,体积=%6.2f\n",a,S,V);
}
```

程序中定义了两个全局变量 S 和 V，由 sv 函数求得结果后供主函数使用。

运行情况：

```
请输入正方体的棱长：2
棱长=  2.00,表面积= 24.00,体积=  8.00
```

2）**如果在同一个源文件中，全局变量与局部变量同名，则在局部变量的作用范围内，全局变量因被“屏蔽”而失效。**

【例 4.10】 外部变量与局部变量同名。

```
#include <stdio.h>
int a=1,b=2;              //a、b为全局变量
int add(int a,int b)      //a、b为局部变量        ┐
{                                                 │
    int  c;                                       │ 形参变量a、b
    c=a+b;                                        │ 的作用范围
    return (c);                                   ┘
}
void main( )
{
    int a=3;              //a为局部变量           ┐ 局部变量a和全局变量b
    printf("%d\n",add(a,b));                      ┘ 的作用范围
}
```

运行结果：`5`

主函数调用 add 函数时，a、b 的值分别是 3 和 2，因此 add 函数返回值应该是 5。

3）**若定义全局变量时不赋初值，系统会自动赋初值数值 0 或空字符′\0′。**

【例 4.11】 考察全局变量和局部变量的系统默认初值。

```
#include  <stdio.h>
int  a;           //定义全局变量
char b;           //定义全局变量
void main( )
{
    int  i;       //定义局部变量
    char j;       //定义局部变量
    printf("a=%d,b=%c,i=%d,j=%c\n",a,b,i,j);
}
```

运行结果：`a=0,b= ,i=-858993460,j=?`

从运行结果看，若定义全局变量时不赋初值，系统会自动赋初值数值 0 或空字符′\0′；但若定义局部变量时不赋初值，系统则会随机赋予其不确定的值。

4.5.2 变量的存储类别

从变量值存在的时间（生存期）角度，变量有静态存储和动态存储两种存储方式。

静态存储，是指在程序运行期间分配固定的存储空间，即变量在程序整个运行时间内都存在。而动态存储，是指在程序运行期间根据需要（如调用函数时）临时分配存储空间。**全局变量使用静态存储方式，而局部变量有静态存储和动态存储两种存储方式**。有 4 个存储类型标识符：自动的（auto）、静态的（static）、寄存器的（register）和外部的（extern）。

变量有两个属性：存储类型和数据类型，其一般形式如下：

存储类型　数据类型 变量名；

1. 用 auto 声明动态局部变量

例如：
```
int f (int x)                //定义 f 函数，x 为形参
{
    auto int a，b；          //定义 a、b 为自动局部变量
     ⋮
}
```

用 auto 声明的局部变量 a、b 为**动态存储**变量。在调用该函数时，系统临时为局部变量分配存储空间，在函数调用结束时系统**自动释放**这些存储空间，因此这类局部变量称为**自动变量**。

实际上，程序中大多数局部变量以及函数的形参变量都是自动局部变量，其**关键字“auto”通常省略不写**。例如，上述函数体中的“auto int a，b;”通常简写成“int a，b;”。

2. 用 static 声明静态局部变量

有时希望函数中局部变量的值在函数调用结束后，其占用的存储单元不被释放，其值不消失而继续保留，这就需要指定该局部变量为静态存储类型，用关键字 static 进行声明。

【例 4.12】 考察静态局部变量的值。

```
#include <stdio.h>
void lv( );               //函数声明
void main( )
{
    int i;
    for(i=1;i<=3;i++)
    {
        printf("第%d 次调用 lv 函数后:",i);
        lv( );            //调用 lv 函数
    }
}
void lv( )                //局部变量函数
{
    auto   int a=1;   //定义自动局部变量 a
    static  int b=1;  //定义静态局部变量 b
    a++;
    b++;
    printf("a=%d  b=%d\n",a,b);
}
```

运行结果：

```
第1次调用lv函数后：a=2  b=2
第2次调用lv函数后：a=2  b=3
第3次调用lv函数后：a=2  b=4
```

根据运行结果，不难看出变量 a、b 在 3 次函数调用时和函数调用结束时值的变化情况，如表 4-1 所示。

表 4-1　变量 a、b 的值

第几次调用	函数调用时初值		函数调用结束时的值	
	a	b	a	b
第 1 次	1	1	2	2
第 2 次	1	2	2	3
第 3 次	1	3	2	4

根据上述分析，用 static 声明的局部变量为**静态存储**变量，称为“**静态局部变量**”。

现对 static 声明静态局部变量和 auto 声明动态局部变量进行比较，如表 4-2 所示。

表 4-2　static 静态局部变量与 auto 动态局部变量的比较

	static 静态局部变量	[auto] 动态局部变量
存储类别	静态存储，在程序整个运行期间都不释放	动态存储，函数调用结束后即释放
变量的值	编译时赋初值，即只赋值一次。函数调用结束时，其值仍保留。下次调用函数时，其值为上次函数调用结束时的值	在函数调用时赋初值，每次调用函数时重新赋初值
	若定义变量时不赋初值，系统会自动赋数值 0 或空字符'\0'	若定义变量时不赋初值，其初值不确定

说明：虽然静态局部变量在函数调用结束后其值仍然保留，但仅限本函数（或复合语句）使用，而其他函数不能引用它。

静态局部变量的应用场合：

1）**需要保留上次函数调用结束时的值**。

【例 4.13】 利用静态局部变量实现：输出 1～5 的阶乘。

分析：1!＝1　2!＝2×1!　3!＝3×2!　4!＝4×3!　5!＝5×4!　即(n＋1)!＝(n＋1)×n!

计算（n+1)!，要用 n! 的结果，因此计算 n! 后，要保留其结果，供计算（n+1)! 时使用。

参考程序如下：

```
#include <stdio.h>
int jc(int n);                //函数声明
void main( )
{
    int i;
    for(i=1;i<=5;i++)
        printf("%d! =%d\n",i,jc(i));
```

```
}
int jc(int n)               //计算阶乘函数
{
    static int f=1;         //定义静态局部变量 f，存放阶乘结果
    f=f * n;
    return (f);
}
```

运行结果：

```
1!=1
2!=2
3!=6
4!=24
5!=120
```

2）**若函数中的变量只被引用而不改变值，则定义为静态局部变量（同时初始化）比较方便，以免每次函数调用时重新定义和赋值**。这在嵌入式软件设计中，可以减少局部变量或数组、结构体等复杂的数据对象在定义和赋值时的 CPU 开销，从而提高程序执行效率。

3）**static 定义静态局部变量，系统默认初始值为数值 0 或空字符′\0′，这一特点在某些时候可以减少程序员的工作量**。比如初始化一个稀疏矩阵，可以一个一个地把所有元素都置 0，然后把不是 0 的几个元素赋值。若定义成静态的，则会省去一开始置 0 的操作。

3. 用 register 声明寄存器变量

当一个变量被频繁读写时，需要反复访问内存，花费大量的存取时间。为此，可用 register 将变量声明为“寄存器变量”，则变量将被存放在 CPU 的寄存器中，使用时可直接从 CPU 的寄存器中读写（其读写速度远高于内存的读写速度），从而提高程序执行效率。对于循环次数较多的循环控制变量及循环体内反复使用的变量均可定义为寄存器变量，而循环计数是应用寄存器变量的首选。

【例 4.14】 使用寄存器变量，输出 1+2+3+…+n 的值。

```
#include <stdio.h>
long add(long x)                //求和函数
{
    register long i,sum=0;      //定义寄存器变量 i、sum
    for(i=1;i<=x;i++)
        sum=sum+i;
    return (sum);
}
void main( )
{
    long n;
    printf("请输入 n 的值:");
    scanf("%ld",&n);
    add(n);
    printf("sum=%ld\n",add(n));
}
```

运行情况：
```
请输入n的值：1000
sum=500500
```

本例中，如果输入的 n 值很大，则能节约许多执行时间。

说明：

1）只有自动局部变量和形参变量才可以定义为寄存器变量，因为**寄存器变量属于动态存储方式**。因此，采用静态存储方式的全局变量和局部 static 局部变量都不能定义为寄存器变量。

2）寄存器变量只能用于整型变量和字符型变量。

3）现在很多编译系统会自动识别读写频繁的内存变量，并将其优化为 CPU 寄存器变量，以提高变量的存储和读写速度。但要注意的是，在实际应用中，却有些内存变量是不希望被优化为寄存器变量的，此时需要在定义内存变量时使用关键字"**volatile**"进行限定，例如"volatile int i；"。

4. 用 extern 声明外部变量（扩展外部变量的作用域）

（1）在一个文件内声明外部变量 如果外部变量不在文件的开头定义，其有效的作用范围只限于定义处到文件结束。而定义处之前的函数想引用该外部变量，则应在引用之前用关键字 extern 对该变量进行"外部变量声明"，向编译系统报告"该变量是一个已经定义的外部变量"。这样，就可以从"声明"处起，合法地使用该外部变量。

【例 4.15】 用 extern 声明外部变量，扩展其在程序文件中的作用域。

```
#include <stdio.h>
int max(int x,int y);              //函数声明
void main( )
{
    extern A,B;           //外部变量声明，也可以写成:extern int A,B;
    printf("A=%d,B=%d\n",A,B);
    printf("Max=%d\n",max(A,B));
}
int A=5,B=2;                       //定义外部变量
int max(int x,int y)               //定义 max 函数
{
    int z;
    z=x>y? x:y;
    return (z);
}
```

运行结果：
```
A=5,B=2
Max=5
```

（2）在多个文件的程序中声明外部变量 如果一个 C 程序包含两个文件，在两个文件中都要用到同一个外部变量 A，则不能在两个文件中同时定义这个外部变量，否则在进行程序连接时将会出现"重复定义"的错误。正确的做法：在任一个文件中定义外部变量 A，而在另一个文件中用 extern 对 A 作"外部变量声明"，即"extern A;"。这样在编译和连接时，系统会由此判断 A 是一个已经在别处定义的外部变量，并将在另一个文件中定义的外

部变量的作用域扩展到本文件，使本文件可以合法地引用外部变量 A。

【例 4.16】　用 extern 将外部变量的作用域扩展到其他文件。

本程序的作用是输入一个数，求其二次方值。

● 文件 file1. c 中的内容：

```
#include <stdio.h>
int    A;                  //定义外部变量 A
int sq( );                 //函数声明
void main( )
{
    int y;
    printf("请输入一个整数:");
    scanf("%d",&A);
    y=sq( );               //调用求二次方函数
    printf("%d^2=%d\n",A,y);
}
```

● 文件 file2. c 中的内容：

```
extern A;    //声明 A 是一个已经定义的外部变量
int sq( )
{
    return (A * A);
}
```

运行情况：

```
请输入一个整数：5
5^2=25
```

本例中，file2. c 的开头对变量 A 进行了 extern 声明，将 file1. c 中的外部变量 A 的作用域扩展到 file2. c 中。

如果一个程序有 3 个源文件 file1. c、file2. c、file3. c，共用 file1. c 中的外部变量 A，则需要同时在 file2. c 和 file3. c 的开头进行“extern A”声明。3 个源文件经过编译、连接后，生成一个可执行的文件。

5. 用 static 声明静态外部变量（缩小外部变量的作用域）

有时在程序设计中希望某些外部变量仅限于本文件引用，而防止被其他文件引用。此时，可以在定义外部变量时加 static 声明。例如：

● 文件 file1. c

```
static int A;  //定义静态外部变量
void main( )
{
      ⋮
}
```

● 文件 file2. c

```
extern int A;
void fun(int n)
{
    return (A * n);
}
```

在文件 file1.c 中定义了一个全局变量 A，但使用了 static 声明，因此变量 A 的作用域仅限于本文件。尽管文件 file2.c 中用了“extern int A;”，但 file2.c 仍无法使用全局变量 A。

使用静态外部变量，可以避免其他文件对本文件中的外部变量进行干扰误用，这在模块化程序设计中常用到。

4.6 内部函数和外部函数

根据函数能否被其他源文件调用，可将函数分为内部函数和外部函数。函数一般都是全局的，即外部函数，能被其他的源文件调用。但也可以通过冠名 static 将函数声明为内部函数，仅限于本文件中调用，而防止被其他文件调用。

定义**内部函数**的形式如下：

```
static 类型标识符 函数名(形参列表)
{
    ⋮
}
```

定义**外部函数**的形式如下：

```
[extern] 类型标识符 函数名(形参列表)
{
    ⋮
}
```

可见，若函数首部中冠名 static，则该函数为内部函数；若函数首部中冠名 extern 或省略冠名，则该函数为外部函数。

如在下面 file2.c 文件中，利用 static 使 sq 函数成为内部函数，使其作用域仅限于 file2.c 文件中。因此尽管在 file1.c 文件中对 sq 函数进行了声明，但仍无法调用 sq 函数。

● 文件 file1.c

```
int sq(int n);  //外部函数声明
void main( )
{
    int x,y;
      ⋮
    y=sq(x);//调用外部函数
}
```

● 文件 file2.c

```
static int sq(int n)   //定义内部函数
{
    z=n * n;
    return (z);
}
```

若想使 file1.c 文件中的主函数能够调用 file2.c 文件中的 sq 函数，只需将 file2.c 文件中的 sq 函数首部中的冠名“static”去掉或者改为“extern”。

使用内部函数，可以使函数的作用域仅限于所在的文件，在不同的文件中可以有同名的内部函数，互不干扰，这在模块化程序设计中常用到。

练　习　题

一、选择题

1. 一个完整的 C 源程序（　　）。

A. 由一个主函数或一个以上的非主函数构成

B. 由一个且仅由一个主函数和零个以上的非主函数构成

C. 由一个主函数和一个以上的非主函数构成

D. 由一个且只有一个主函数或多个非主函数构成

2. 以下关于函数的叙述，错误的是（　　）。

A. C 程序是函数的集合，包括标准库函数和用户自定义函数

B. 在 C 语言程序中，被调用的函数必须在 main 函数中定义

C. 在 C 语言程序中，函数的定义不能嵌套

D. 在 C 语言程序中，函数的调用可以嵌套

3. 若在 C 语言中未指定函数的类型，则系统默认该函数的数据类型是（　　）。

A. float　　B. long　　C. int　　D. double

4. 以下关于函数叙述，错误的是（　　）。

A. 函数未被调用时，系统将不为形参分配内存单元

B. 实参与形参的个数应相等，且实参与形参的类型必须对应一致

C. 当形参是变量时，实参可以是常量、变量或表达式

D. 形参可以是常量、变量或表达式

5. C 程序中各函数之间可以通过多种方式传递数据，下列不能用于实现数据传递的方式是（　　）。

A. 参数的形实（虚实）结合　　B. 函数返回值

C. 全局变量　　D. 同名的局部变量

6. 关于函数调用的叙述不正确的是（　　）。

A. 实参与其对应的形参共占存储单元

B. 实参与对应的形参分别占用不同的存储单元

C. 实参将其值传递给形参，调用结束时形参占用的存储单元被立即释放

D. 实参将其值传递给形参，调用结束时形参并不将其值回传给实参

7. 若用数组名作为函数调用的实参，则传递给形参的是（　　）。

A. 数组的首地址　　B. 数组的第一个元素的值

C. 数组中全部元素的值　　D. 数组元素的个数

8. C 语言中函数返回值的类型是由（　　）决定的。

A. return 语句中的表达式类型　　B. 调用函数的主调函数类型

C. 调用函数时临时　　D. 定义函数时所指定的函数类型

9. 定义一个 void 型函数意味着调用该函数时，函数（　　）。

A. 通过 return 返回一个用户所希望的函数值

B. 返回一个系统默认值

C. 没有返回值

D. 返回一个不确定的值

10. 若在一个C源程序文件中定义了一个允许其他源文件引用的实型外部变量a，则在另一文件中可使用的引用声明是（　　）。

A. extern static float a;　　B. float a;

C. extern auto float a;　　D. extern float a;

11. 若程序中定义函数：float fun(float a, float b)

{　return (a+b);　}

并将其放在调用语句之后，则在调用之前应对该函数进行声明。以下声明中错误的是（　　）。

A. float fun(float a, b);　　B. float fun(float b, float a);

C. float fun(float, float);　　D. float fun(float a, float b);

12. 以下程序运行后的输出结果是（　　）。

```
#include <stdio.h>
fun(int a,int b)
{   if(a>b)  return a;
    else  return b;
}
void main( )
{   int x=3,y=8,z=6,r;
    r=fun(fun(x,y),2 * z);
    printf("%d\n",r);
}
```

A. 3　　B. 6　　C. 8　　D. 12

二、程序设计题

13. 编写程序，计算x的n次方。

14. 编写程序，求两个数的最大公约数。

15. 编写程序，求5名学生1门课程成绩的平均分。

16. 编写程序，将一组数据98、12、87、4、65、23、54、33、48、78按由大到小的顺序排列起来。

17. 编写程序，计算20!，要求用函数实现求阶乘并在主函数中调用该函数。

第5章 指　　针

【学习目标】

1. 理解指针的概念；
2. 掌握指向普通变量的指针及应用；
3. 掌握指向数组的指针及应用；
4. 掌握指向字符串的指针及应用；
5. 掌握指向函数的指针及应用；
6. 掌握返回指针值的函数及应用；
7. 掌握指针数组和指向指针的指针及应用；
8. 掌握内存动态分配函数的使用方法。

指针是C语言中广泛使用的一种数据类型。通过指针，可以对计算机的硬件地址直接操作，在嵌入式系统与物联网软件设计中应用非常广泛，利用指针编写的嵌入式软件具有精炼、高效的优点，因此很有必要学习指针知识。

5.1 指针的基本概念

如果在程序中定义一个变量，系统将为这个变量分配内存单元。而每个内存单元都有一个编号，称为“地址”。

假如程序中定义了一个单字节整型变量i，系统为它分配了地址为2000的内存单元，根据所学，对变量值的存、取都是通过变量的地址进行的。例如，输入函数语句“scanf("%d", &i);”在执行时，将键盘上输入的值送给地址为2000的单字节整型存储单元中。再如，输出函数语句“printf("%d", i);”在执行时，根据变量名与地址的对应关系，从地址为2000的内存单元中取出变量i的值。

以上所讨论的按照变量地址存、取变量值的方式称为“直接访问”方式。在嵌入式系统中，又称为“直接寻址”方式。

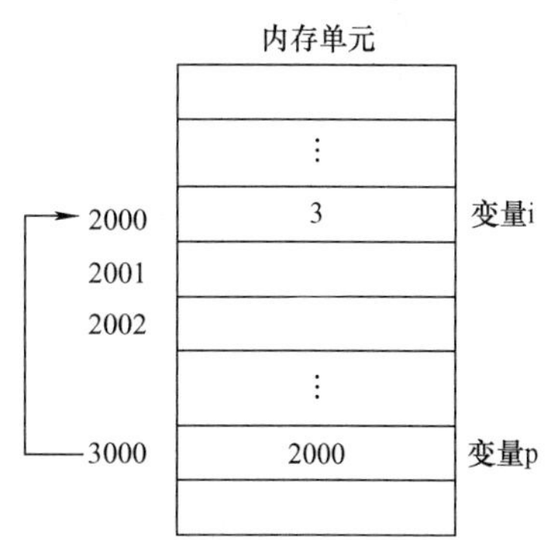

图5-1　指针的概念

除了“直接访问”方式，还可以采用“间接访问”方式，在嵌入式系统中，又称为“间接寻址”方式。将变量i的地址存放在另一个变量中，假设定义一个变量p，用来存放变量i的地址，系统为变量p分配的地址为3000，可以通过语句“**p=&i;**”将变量i的地址（2000）存放到变量p中。此时，变量p的值就是2000，即变量i的内存单元地址。要读取变量i的值，可以先找到存放“变量i的地址”的变量p，从中取出i的地址(2000)，然后到地址为2000的内存单元取出i的值（3)，如图5-1所示。通过变量p能够找到变量i，可以说变量p指向了变量i，因此在C语言中，将地址形象地称为“指针”。

一个变量的地址，称为该变量的“指针”。例如，地址2000是变量i的指针，而变量p用来存放变量i的地址，称为**“指针变量”**。

综上所述，**指针是一个地址，而指针变量是存放地址的变量**。变量、数组、函数都有地址（其中函数的地址是函数的入口地址），因此相应地，就有指向变量的指针、指向数组的指针、指向函数的指针。

5.2 指向普通变量的指针

所谓普通变量，是指基本数据类型（整型、实型、字符型）的变量。

如前所述，**变量的指针就是变量的地址**。**存放变量地址的变量是指针变量，用来指向另一个变量**。为了表示指针变量和它所指向的变量之间的关系，在程序中用“*”符号表示“指向”。例如，p代表指针变量，而*p代表p所指向的变量，如图5-2所示。

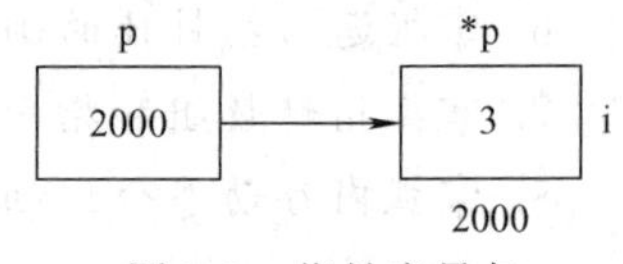

图5-2 指针变量与它所指向的变量

因此，语句“i=3;”和“*p=3;”作用相同，第二个语句的含义是将3赋给指针变量p所指向的变量。

5.2.1 定义指针变量的方法

定义指针变量的一般形式为： **类型标识符 *变量名;**

其中，*表示这是一个指针变量，变量名即为定义的指针变量名，类型标识符表示该指针变量所指向的变量的数据类型。

例如：
```
int *p1;
```

表示p1是一个指针变量，它的值是某个整型变量的地址，或者说p1指向一个整型变量。至于p1究竟指向哪一个整型变量，应由向p1赋予的地址来决定。

再如：
```
int *p2;          //p2是指向整型变量的指针变量
float *p3;        //p3是指向实型变量的指针变量
char *p4;         //p4是指向字符变量的指针变量
```

应该注意的是，一个指针变量只能指向同类型的变量，如p3只能指向实型变量，不能时而指向一个实型变量，时而又指向一个字符变量。

5.2.2 指针变量的引用

请牢记：指针变量中只能存放地址（指针)。

两个有关的运算符：

1)&：取地址运算符。

2) *：指针运算符（或称“间接访问”运算符)，取其指向单元的内容。

例如，&a表示变量a的地址，*p表示指针变量p所指向的存储单元的内容（即p所指向的变量的值）。

【例 5.1】 通过指针变量访问整型变量。

```
#include <stdio.h>
void main( )
{
    int a=10,b=20;
    int *p1, *p2;                  //定义两个指针变量,均指向整型变量
    p1=&a;                         //取变量 a 的地址,赋给指针变量 p1
    p2=&b;                         //取变量 b 的地址,赋给指针变量 p2
    printf("a=%d,b=%d\n",a,b);
    printf("a=%d,b=%d\n", *p1, *p2);      //输出指针变量指向单元的内容
    printf("变量 a 的地址:%x\n",p1);       //输出变量 a 的地址
    printf("变量 b 的地址:%x\n",p2);       //输出变量 b 的地址
}
```

指针变量 p1、p2 分别指向变量 a、b，如图 5-3 所示。

p1　　a

&a → 　*p1

p2　　b

&b → 　*p2

图 5-3　指针变量与变量之间的关系

运行结果：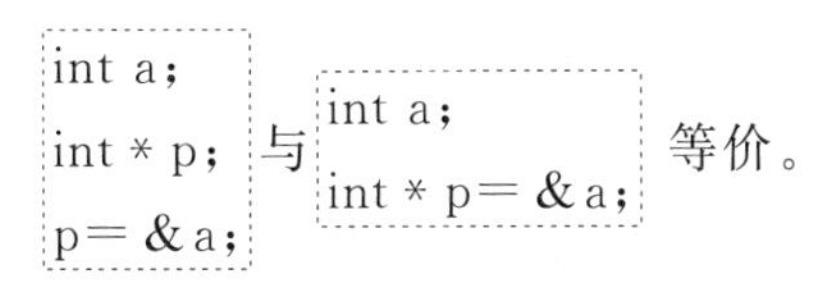

说明：

1）将整型变量 a 的地址赋给指针变量 p 的方法：

```
int a;
int *p;
p=&a;
```

与

```
int a;
int *p=&a;
```

等价。

2）不允许把一个数赋给指针变量，故下面的赋值是错误的：

```
int *p;
p=1000;
```

3）注意“*p”在定义和引用中的区别：

定义时，*p 的前面要有类型标识符，表示指针变量 p 是指向哪种类型数据的；

引用时，*p 的前面没有类型标识符，表示指针变量 p 所指向的存储单元的内容。

4）如果已经执行了下面的语句：

```
int a;
int *p=&a;
```

则 &*p 和 *&a 的含义分别是什么？

“&”和“*”优先级相同，并且按照“自右至左”的结合性，因此：

①对于 &*p，先执行 *p，表示变量 a，再执行 & 运算。因此 &*p 与 &a 相同，即变量 a 的地址。

②对于 *&a，先执行 &a，表示变量 a 的地址，也就是变量 p，再执行 * 运算。因此

* &a与 * p 等价，表示变量 a。

【例 5.2】 指针变量的应用：输入两个整数，按由大到小的顺序输出这两个整数。

```
#include <stdio.h>
void main( )
{
    int a,b;
    int * p1, * p2, * p;
    printf("请输入两个整数(用空格间隔):");
    scanf("%d%d",&a,&b);
    p1=&a;p2=&b;
    if(a<b)
    {  p=p1;  p1=p2;  p2=p;  }  //交换指针变量的指向
    printf("由大到小:%d,%d\n", * p1, * p2);
}
```

运行情况：

```
请输入两个整数（用空格间隔）：2 5
由大到小：5,2
```

程序执行时，使指针变量 p1 指向变量 a，p2 指向变量 b，如图 5-4a 所示。当输入a=2，b=5 时，由于 a<b，将交换 p1 和 p2 的指向，使 p1 指向变量 b，p2 指向变量 a，如图 5-4b 所示。

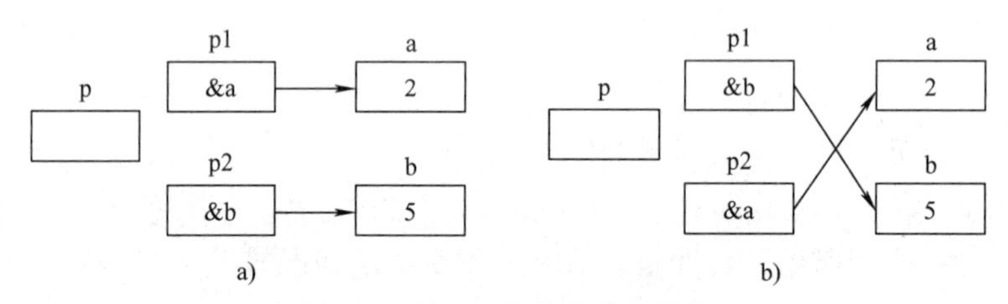

图 5-4　例 5.2 指针变量的指向

可见，变量 a 和 b 的值并未改变，而是指针变量 p1 和 p2 的指向发生了变化，这样在输出 * p1和 * p2 的值时，就满足了按照由大到小的顺序将两个数输出的要求。

5.2.3　指针变量作为函数参数

函数的参数不仅可以是基本类型（整型、实型、字符型）的数据，还可以是指针类型的数据。指针变量作函数参数，其作用是将一个变量的地址传递到另一个函数中。

【例 5.3】 指针变量（变量的地址）作为函数参数。

```
#include <stdio.h>
void fun(int * p1,int * p2);  //函数声明
void main( )
{
    int a=1,b=5;
```

```
    int * pa= &a, * pb= &b;        //定义指针变量
    printf("调用 fun 函数前:a=%d,b=%d\n",a,b);
    fun(pa,pb);                //调用 fun 函数,指针变量作函数参数
    printf("调用 fun 函数后:a=%d,b=%d\n",a,b);
}
void fun(int * p1,int * p2)             //指针变量作形参
{
    ( * p1)++;        //使 p1 指向的变量值加 1
    ( * p2)++;
}
```

运行结果：

```
调用fun函数前: a=1,b=5
调用fun函数后: a=2,b=6
```

程序运行时，先执行 main 函数，将变量 a 和 b 的地址分别赋给指针变量 pa 和 pb，使 pa 指向 a，pb 指向 b，如图 5-5 所示。主函数调用 fun 函数时，将实参变量 pa 和 pb 的值（变量 a 和 b 的地址）分别传递给形参变量 p1 和 p2，使指针变量 pa 和 p1 都指向变量 a，指针变量 pb 和 p2 都指向变量 b，如图 5-6 所示。

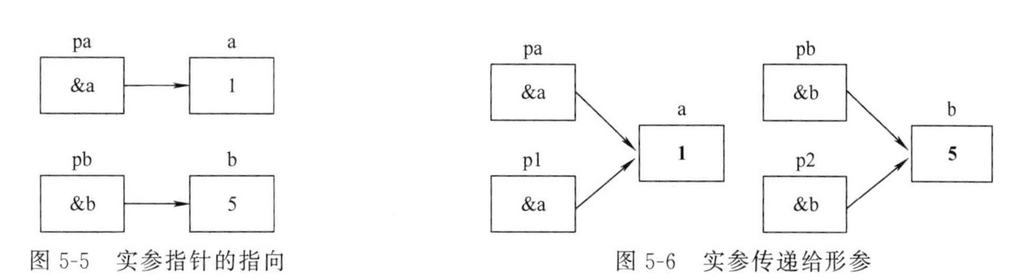

图 5-5　实参指针的指向　　　　图 5-6　实参传递给形参

接着执行 fun 函数的函数体，使 * p1 和 * p2 的值都加 1，也就是使 a 和 b 的值都加 1，如图 5-7 所示。函数调用结束后，形参 p1 和 p2 不复存在（已释放），如图 5-8 所示。最后在 main 函数中输出的 a 和 b 的值都是已经变化了的值。

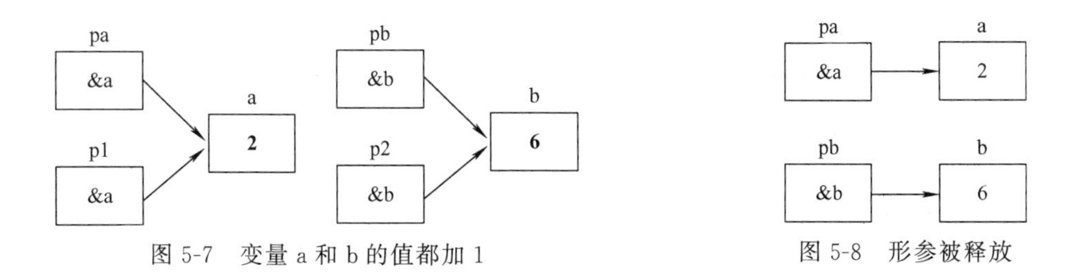

图 5-7　变量 a 和 b 的值都加 1　　　　图 5-8　形参被释放

【思考与总结】

指针变量作函数参数传递时，传递的是变量的地址，即“**地址传递**”。函数调用时，使实参和形参指向同一个内存单元，因此当形参指向单元的值发生变化时，实参指向单元的值也随之变化。

利用上述特点，在函数调用时可得到多个要改变的值。由例 5.3 可以看出，若想通过函数调用得到 n 个要改变的值，可以在主调函数中设 n 个变量，将这 n 个变量的地址传递给被

调函数的形参，通过形参指针变量改变这 n 个变量的值，这样在主调函数中就可以使用这些改变了值的变量。实际上，数组名作为函数参数传递，其本质也如此。

【例 5.4】 对输入的两个整数进行交换并输出，要求编写数据交换的函数，并要求用指针变量作函数参数。参考程序如下：

```
#include <stdio.h>
void swap(int *p1,int *p2);   //函数声明
void main( )
{
    int a,b;
    printf("请输入两个整数(用空格间隔):");
    scanf("%d%d",&a,&b);
    printf("调用 swap 函数前:a=%d,b=%d\n",a,b);
    swap(&a,&b);              //调用 swap 函数,变量的地址作实参
    printf("调用 swap 函数后:a=%d,b=%d\n",a,b);
}
void swap(int *p1,int *p2)    //指针变量作形参
{
    int temp;
    temp=*p1;   *p1=*p2;   *p2=temp;
}
```

运行情况：

```
请输入两个整数（用空格间隔）：1 5
调用swap函数前：a=1,b=5
调用swap函数后：a=5,b=1
```

本例中，主函数调用 swap 函数时，直接将变量 a 和 b 的地址 &a 和 &b 作为函数实参传递给形参指针变量 p1 和 p2，使指针变量 p1 和 p2 分别指向变量 a 和 b。当执行 swap 函数体后，p1 指向单元的数据与 p2 指向单元的数据进行了交换，即实现了变量 a 和 b 的值进行交换。

5.3 指向数组的指针

5.3.1 指向数组元素的指针

一个变量有一个地址，一个数组包含若干个元素，每个数组元素都在内存中占用存储单元，它们都有相应的地址。指针变量既然可以指向变量，当然也可以指向数组元素（把某一元素的地址存放到一个指针变量中）。**数组元素的指针就是数组元素的地址**。

定义一个指向数组元素的指针变量的方法，与前面介绍的指向普通变量的指针变量相同。例如：

```
int a[10];      //定义 a 为包含 10 个整型数据的数组
int *p;         //定义 p 为指向整型数据的指针变量
p=&a[0];        //对指针变量 p 赋初值
```

将 a[0] 元素的地址赋给指针变量 p，使 p 指向数组 a 的第 0 号元素，如图 5-9 所示。

C 语言规定，数组名代表数组的首地址，即第 0 号元素的地址。因此，下面两个语句等价：

```
int * p= &a[0];
int * p=a;
```

此时，p、a、&a[0] 均代表数组 a 的首地址（首元素 a[0] 的地址）。但要说明：p 是变量，而 a、&a[0] 都是常量，编程时要特别注意。

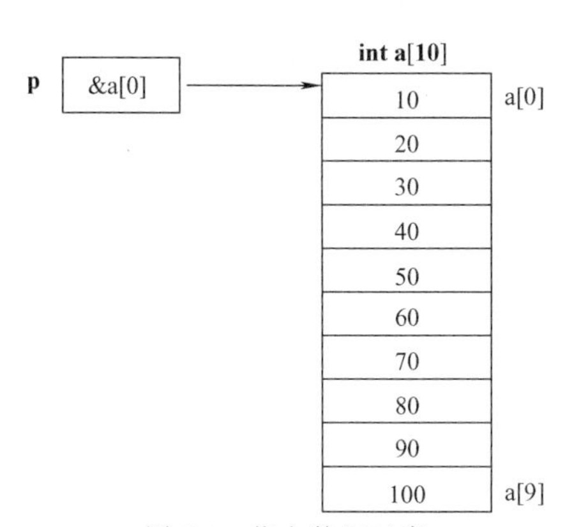

图 5-9　指向数组元素的指针变量

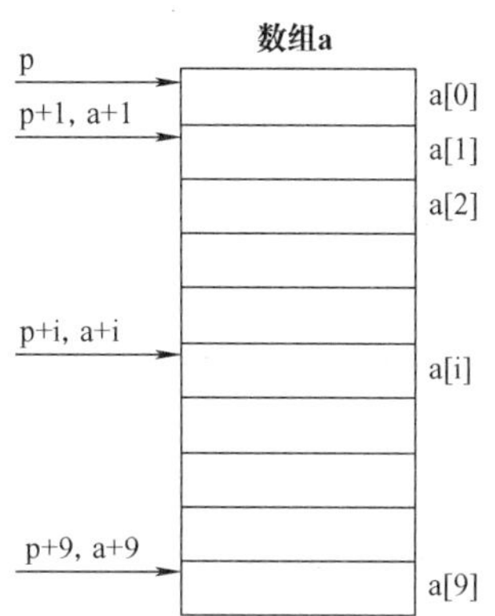

图 5-10　通过指针变量引用数组元素

5.3.2　通过指针引用数组元素

C 语言规定：如果指针变量 p 已指向数组中的某一元素，则 p+1 指向同一数组中的下一个元素。如图 5-10 所示，如果 p 的初值为 &a[0]，则：

1）p+i 和 a+i 就是 a[i] 的地址，即 &a[i]，或者说它们指向数组 a 的第 i 个元素。

注意：p+i 的实际地址为 a+i * d，其中 d 为数组的数据类型在内存中占用的字节数。比如在 VC++ 6.0 中，char 型占用 1 个字节，int 型占用 4 个字节，因此如果数组 a 为 int 型，则 p+i 的实际地址为 a+i * 4。

2）*(p+i) 或 *(a+i) 就是 p+i 或 a+i 所指向的数组元素，即 a[i]。例如，*(p+5) 或 *(a+5) 就是 a[5]，即 ***(p+5)、*(a+5)、a[5] 三者等价**。实际上，在编译时，对数组元素 a[i] 就是按 *(a+i) 处理的，即按照数组首元素的地址加上相对位移量得到要找的元素的地址，然后找出该单元中的内容。因此 [ ] 实际上是**变址运算符**，即将 a[i] 按 a+i 计算地址，然后找出该地址单元中的值。

3）指向数组的指针变量也可以带下标，如 p[i] 与 *(p+i) 等价。

根据以上所述，引用一个数组元素有两种方法：

1）下标法，如 a[i] 形式。

2）指针法，即采用 *(a+i) 或 *(p+i) 形式，其中 a 是数组名，p 是指向数组元素的指针变量，其初值 p=a。

【例 5.5】　输出数组中的全部元素。

假设有一个整型数组 a，它有 5 个元素，要输出 5 个元素的值有 3 种方法。

（1）下标法

```
#include <stdio.h>
void main( )
{
    int a[5],i;
    printf("请输入5个整数:");
    for(i=0;i<5;i++)
        scanf("%d",&a[i]);
    for(i=0;i<5;i++)
        printf("%d  ",a[i]);
    printf("\n");
}
```

(2) 通过数组名计算元素的地址，找出元素的值

```
#include <stdio.h>
void main( )
{
    int a[5],i;
    printf("请输入5个整数:");
    for(i=0;i<5;i++)
        scanf("%d",&a[i]);
    for(i=0;i<5;i++)
        printf("%d  ",*(a+i));
    printf("\n");
}
```

(3) 用指针变量指向数组元素

```
#include <stdio.h>
void main( )
{
    int a[5],i;
    int *p;
    printf("请输入5个整数:");
    for(i=0;i<5;i++)
        scanf("%d",&a[i]);
    for(p=a;p<a+5;p++)          //也可写成:for(p=a,i=0;i<5;i++,p++)
        printf("%d  ",*p);
    printf("\n");
}
```

顺序访问数组元素时，对上述3种方法进行比较：

第（1）和第（2）种方法执行效率相同。C 编译系统是将 a [i] 转换为 *（a+i）处理的，即先计算元素的地址，因此用第（1）和第（2）种方法访问数组元素费时较多。

第（3）种方法比第（1）和第（2）种方法快，用指针变量直接指向元素，不必每次都重新计算地址，这种**有规律地改变地址值（p++）能大大提高执行效率**。

【思考】 若将第（3）种方法中的第二个 for 循环语句改为如下形式：

```
for(p=a,i=0;i<5;i++)
    printf("%d  ",*(p+i));
```

则程序执行效率有无变化？

在使用指针变量指向数组元素时，要特别注意：

1）可以通过改变指针变量的值（如 p++）而指向不同的元素，这是合法的；而 a++ 是错误的，因为 a 是数组名，它是数组的首地址，是常量。

2）要注意指针变量的当前值，请看下面例 5.6 的程序。

【例 5.6】 通过指针变量输出数组 a 的 5 个元素。

```
#include <stdio.h>
void main( )
{
    int i,a[5];
    int *p=a;
    printf("请输入 5 个整数:");
    for(i=0;i<5;i++)
        scanf("%d",p++);
    for(i=0;i<5;i++,p++)
        printf("%d  ",*p);
    printf("\n");
}
```

运行情况：

```
请输入5个整数: 1 2 3 4 5
0  1245064  4199177  1  2363160
```

从运行结果看，没有实现要求。请读者分析错误原因，并改正。

【例 5.7】 应用：通过指针变量找出数组元素的最大值和最小值。

```
#include <stdio.h>
void main( )
{
    int i,a[5]={23,12,34,78,55};
    int *p,*max,*min;    //定义 3 个指针变量
    p=max=min=a;         //将 3 个指针变量同时指向数组首元素
    for(i=0;i<5;i++,p++)
    {
        if(*p>*max)  max=p;    //更新 max 指向
```

```
        if(*p<*min)  min=p;      //更新 min 指向
    }
    printf("max=%d,min=%d\n",*max,*min);
}
```

运行结果：max=78,min=12

【思考与分析】 有关指针变量的运算，如果指针变量 p 指向数组 a 的某元素，则：

1）*p++,由于++和*同优先级，结合方向自右至左，因此等价于*(p++)。

2）*(p++) 与*(++p) 作用不同。若 p 的初值为 a，则*(p++) 等价于 a[0]，*(++p) 等价于 a[1]。

3）(*p)++表示 p 所指向的元素值加 1。

4）若 p 当前指向数组 a 中的第 i 个元素，则：

(p--)　先对 p 进行""运算，再使 p 自减，相当于 a[i--]。

(++p)　先对 p 自加，再作""运算，相当于 a[++i]。

(--p)　先对 p 自减，再作""运算，相当于 a[--i]。

5.3.3　用数组名作函数参数

在 4.4.2 节曾介绍过数组名可以作函数的实参和形参，例如：

```
void main( )                      void f(int b[ ],int n)
{                                 {
    int a[10];                        ⋮
      ⋮                           }
    f(a,10);
      ⋮
}
```

a 为实参数组名，b 为形参数组名。如前所学，当用数组名作参数时，如果形参数组中各元素的值发生变化，则实参数组元素的值也随之变化，这个问题在学习指针以后更易理解。

实参数组名代表该数组的首地址，而形参数组名是用来接收从实参传递过来的数组首地址，因此形参应该是一个指针变量（只有指针变量才能存放地址）。实际上，C 编译系统都是**将形参数组名作为指针变量来处理的**，并非真正开辟一个新的数组空间。例如，上面给出的 f 函数的形参是写成数组形式的：　f(int b[ ], int n)

但在编译时，是将形参数组名 b 按指针变量处理的，相当于将 f 函数的首部写成：

f(int *b, int n)

以上两种写法是等价的。在该函数被调用时，系统会建立一个指针变量 b，用来存放从主调函数传递过来的实参数组的首地址。

当指针变量 b 接收了实参数组 a 的首地址后，b 就指向了实参数组 a 的首地址，因此*b 就是 a[0]，b+i 指向 a[i]，*(b+i) 与 a[i] 等价，如图 5-11 所示。

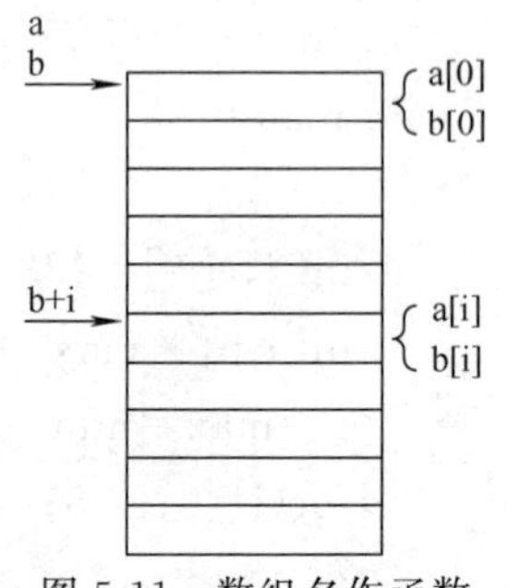

图 5-11　数组名作函数参数的本质

至此可以知道，普通变量、数组元素，普通变量的地址、指针变量、数组名都可以作为函数参数进行传递，现进行总结与比较，如表 5-1 所示。

表 5-1　函数参数的比较

实参的类型	常量、普通变量或数组元素	&普通变量名或指向普通变量的指针变量	数组名或指向数组首元素的指针变量
要求形参的类型	普通变量	指针变量	数组名或指针变量
传递的信息	实参的数值	普通变量的地址	实参数组的首地址
通过函数调用能否改变实参的值	不能	不能，但能改变实参对应普通变量的值	不能，但能改变实参对应数组的元素值

若有一实参数组，要想通过函数调用改变此数组中元素的值，实参和形参的对应关系有以下 4 种情况。

1）实参和形参都用数组名，例如：

```
void main( )
{   int a[10];
       ⋮
    f(a,10);
       ⋮
}
```

```
void f(int b[ ],int n)
{
       ⋮
}
```

形参数组名接收了实参数组的首地址，可以理解为：在函数调用期间，形参数组与实参数组共用一段内存单元。

2）实参用数组名，形参用指针变量，例如：

```
void main( )
{   int a[10];
       ⋮
    f(a,10);
       ⋮
}
```

```
void f(int * b,int n)
{
       ⋮
}
```

函数开始执行时，形参指针变量 b 指向 a[0]，即 b=&a[0]。通过 b 值的改变，可以指向数组 a 的任一元素。

3）实参和形参都用指针变量，例如：

```
void main( )
{   int a[10], * p=a;
       ⋮
    f(p,10);
       ⋮
}
```

```
void f(int * b,int n)
{
       ⋮
}
```

程序执行时，先使实参指针变量 p 指向数组 a，即 p=&a[0]；然后将 p 的值传递给形参指针变量 b，使 b 的初值也是&a[0]。这样通过 b 值的改变就可以使 b 指向数组 a 的任一元素。

4）实参用指针变量，形参用数组名，例如：

```
void main( )
{    int a[10], *p=a;
         ⋮
     f(p,10);
         ⋮
}
```

```
void f(int b[ ],int n)
{
         ⋮
}
```

实参指针变量 p 指向 a[0]，形参为数组名 b，编译系统将 b 作为指针变量处理。函数调用时，形参数组名 b 就会获取实参数组 a 的首地址。这样在函数执行过程中，可以使 b[i] 的值发生变化，而 b[i] 就是 a[i]。因此，形参数组元素值的变化，就会使实参数组元素值跟随变化。

【例 5.8】 用指针变量作函数形参，改写例 4.7 给出的程序。

```
#include   <stdio.h>
void change(int *b,int n);   //函数声明
void main( )
{
    int a[5]={1,3,5,7,9},i;
    printf("函数调用前:");
    for(i=0;i<5;i++)
        printf("a[%d]=%d   ",i,a[i]);
    printf("\n");
    change(a,5);        //调用 change 函数，实参：数组名 a、数值 5
    printf("函数调用后:");
    for(i=0;i<5;i++)
        printf("a[%d]=%d   ",i,a[i]);
    printf("\n");
}
void change(int *b,int n)    //形参：指针变量 b、变量 n
{
    int *p;
    for(p=b;p<b+n;p++)
        (*p)++;
}
```

函数调用时，形参指针变量 b 获取实参数组 a 的首地址，如图 5-12所示。在 change 函数中，通过改变指针变量 p 的值而指向数组 a 的各个元素，并使各元素的值加 1。

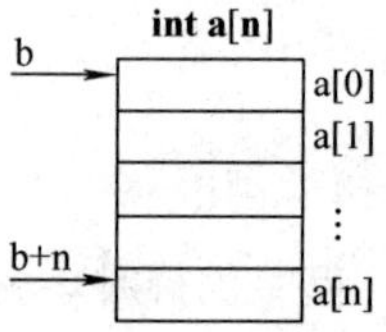

程序运行结果与例 4.7 相同。

图 5-12 函数参数传递

【例 5.9】 用指针变量作为函数的参数，改写例 4.8 给出的冒

泡法和选择法排序程序（由小到大）。

参考程序如下：

```
#include <stdio.h>
#define  N  5          //宏定义符号常量 N：参与排序的数据个数
#define  MP            //宏定义符号常量 MP
void MPSort(int * p,int n)   // 冒泡排序函数，形参：指针变量 p、变量 n
{
    int i, * j,t;
    for(i=1;i<n;i++)                  //n 个数，共需比较 n-1 轮
        for(j=p;j<p+n-i;j++) //第 i 轮需要比较 n-i 次
        {
            if( * j> * (j+1))         //依次比较两个相邻的数，将大数放后面
            {   t= * j;   * j= * (j+1);   * (j+1)=t;    }
        }
}
void XZSort(int * p,int n)   // 选择排序函数，形参：指针变量 p、变量 n
{
    int * i, * j, * k,t;
    for(i=p;i<p+n-1;i++)              //n 个数，共需比较 n-1 轮
    {
        k=i;                          //先假定该轮第 1 个数为最小值
        for(j=i+1;j<p+n;j++)          //寻找该轮最小值所处的位置
            if( * j< * k)   k=j;
        if(k! =i)        //若该轮最小值的位置有更新，则要进行数据交换
        {   t= * i;   * i= * k;   * k=t;   }
    }
}
void main( )
{
    int a[N];
    int * p;
    printf("请输入 %d 个整数:",N);
    for(p=a;p<a+N;p++)
        scanf("%d",p);          //将 N 个数据存入数组 a
    printf("排序前:");
    for(p=a;p<a+N;p++)
        printf("%5d", * p);     //输出排序前的 N 个数据
    printf("\n");
```

```
    p=a;                          //使p重新指向数组a的首元素
  #ifdef MP  //条件编译
    MPSort(p,N);      //调用冒泡排序函数，实参：指针变量p、数值个数N
  #else
    XZSort(p,N);      //调用选择排序函数，实参：指针变量p、数值个数N
  #endif
    printf("排序后：");
    for(p=a;p<a+N;p++)
        printf("%5d",*p);    //输出排序后的N个数据
    printf("\n");
}
```

本例运行结果与例4.8相同。

通过以上两例可以看出，使用指针变量作函数参数与使用数组名作函数参数的程序运行结果是相同的。但通过指针变量引用数组元素会提高程序的执行效率，因此建议读者要善用指针处理数组问题。

5.3.4 通过指针引用多维数组

指针变量可以指向一维数组的元素，也可以指向多维数组的元素。但在概念和使用方法上，多维数组的指针要比一维数组的指针复杂一些，在此，主要介绍二维数组的指针及应用方法。

1. 二维数组元素的地址

在3.2.1节中曾介绍过： int a[3][4];

定义二维数组a后，系统将按“行”依次存储12个数组元素。在C语言中，二维数组a又可看作是一个一维数组，它有3个元素：a[0]、a[1]、a[2]，而每个元素又是一个包含4个元素的一维数组，此时把a[0]、a[1]、a[2]看作一维数组名，如图5-13所示。

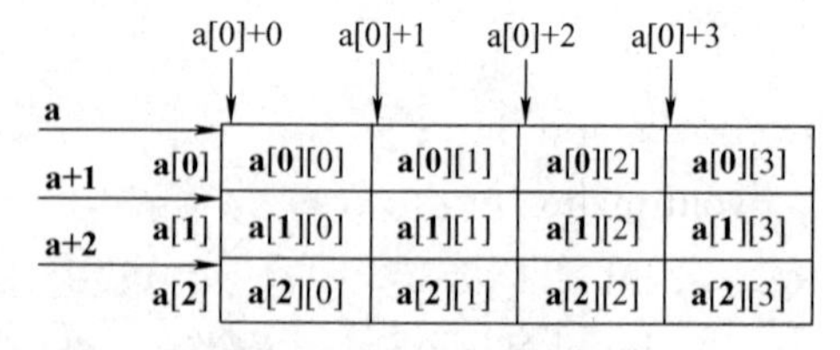

图5-13 指向二维数组的指针

根据一维数组的指针知识，a+i代表元素a[i]的地址&a[i]，而在二维数组中，元素a[i]是包含4个元素的一维数组，因此a+i代表第i行的首地址，即a代表第0行的首地址，a+1代表第1行的首地址，a+2代表第2行的首地址。

a[0]、a[1]、a[2]既然是一维数组名，而C语言规定数组名代表数组首元素的地址，因此a[0]代表一维数组a[0]中第0列元素的地址，即&a[0][0]。同理，a[1]代表&a[1][0]，a[2]代表&a[2][0]。据此，不难看出，a[i][j]的地址&a[i][j]可用a[i]+j表示。

如前所述，a[i]与*(a+i)等价。综上，二维数组a的有关地址和元素值如表5-2所示。

表 5-2　二维数组 a 的有关地址和元素值

表示形式	含　义
a+i、&a[i]、&*(a+i)	第 i 行的首地址。特别地，i=0，表示第 0 行首地址
&a[i][j]、a[i]+j、*(a+i)+j	元素 a[i][j] 的地址。特别地，j=0，表示第 i 行第 0 列元素的地址
a[i][j]、*(a[i]+j)、*(*(a+i)+j)	元素 a[i][j] 的值

【思考与总结】

(1) 由图 5-13 可以看出，a 与 a[0] 指向同一个地址，但两者含义不同。a 指向一维数组，而 a[0] 指向 a[0][0] 元素，因此对两者的指针进行加 1 运算，得到的结果是不同的。a+1 中的“1”代表一行中全部元素所占的字节数（VC++中为 16B），而 a[0]+1 中的“1”代表一个元素所占的字节数（VC++中为 4B）。

(2) 由表 5-2 可以看出，**在行指针（a+i）的前面加一个 *，就转换为列指针（指向第 i 行第 0 列元素）**。例如，a、a+1 是指向行的指针，而 *a、*(a+1) 就成为指向列的指针，分别指向数组第 0 行第 0 列的元素和第 1 行第 0 列的元素。

反之，**在列指针 a[i] 前面加 &，就成为指向第 i 行的行指针**。例如，a[0] 是指向数组第 0 行第 0 列元素的指针，而 &a[0] 是指向第 0 行的行指针。

2. 指向二维数组的指针变量

在了解二维数组的地址概念后，可通过指针变量引用二维数组元素。

(1) 指向二维数组元素的指针变量

【例 5.10】 有一个 3×4 的整型二维数组，要求用指向数组元素的指针变量输出二维数组各元素的值。

分析：二维数组的元素在内存中是按行顺序存放的，12 个元素的地址依次为 a[0]～a[0]+11，如图 5-14 所示，因此可以用一个指向二维数组元素的指针，依次指向各个元素。

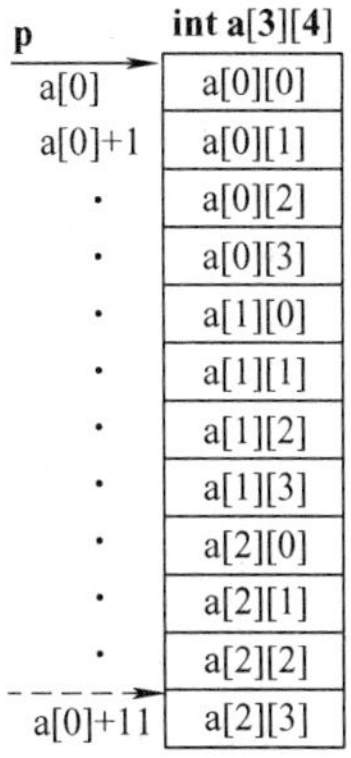

图 5-14　例 5.10 示意图

参考程序如下：

```
#include <stdio.h>
void main( )
{
    int a[3][4]={{2,4,6,8},{10,12,14,16},{18,20,22,24}};
    int *p=a[0];        //将 a[0][0]元素的地址赋给指针变量 p
    for( ;p<a[0]+12;p++)
    {
        if((p-a[0])%4==0)
            printf("\n");        //每输出 4 个值换行
        printf("%4d",*p);
    }
    printf("\n");
}
```

运行结果：

```
 2   4   6   8
10  12  14  16
18  20  22  24
```

【思考】 对一个 m 行 n 列的二维数组 a[m][n]，元素 a[i][j] 在数组中相对于首元素 a[0][0] 的地址如何计算？

如图 5-15 所示，a[i][j] 的地址可表示为：&a[0][0]+i*n+j 或 a[0]+i*n+j。

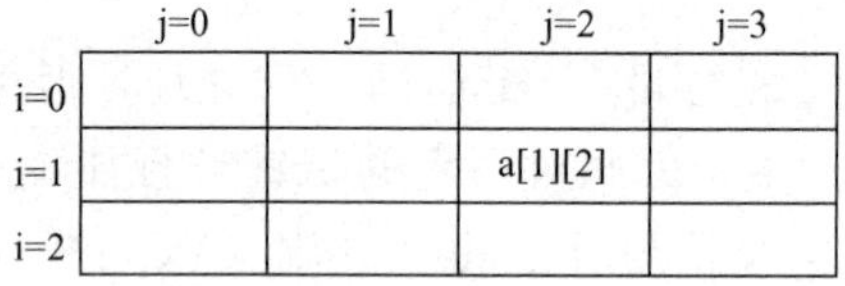

	j=0	j=1	j=2	j=3
i=0				
i=1			a[1][2]	
i=2				

图 5-15　二维数组元素 a[i][j] 的地址示意图

（2）指向由 n 个元素组成的一维数组的指针变量　例 5.10 中的指针变量 p 是用“int * p;”定义的，它指向整型数据，而 p+1 则指向 p 所指向的二维数组元素的下一个元素。现在改用另一方法，使 p 不是指向二维数组元素，而是指向一个包含 n 个元素的一维数组，如图 5-16 所示。如果 p 先指向第 0 行 a[0]（即 p=&a[0]），则 p+1 指向第 1 行 a[1]，p 的增值以一维数组中 n 个元素的长度为单位。

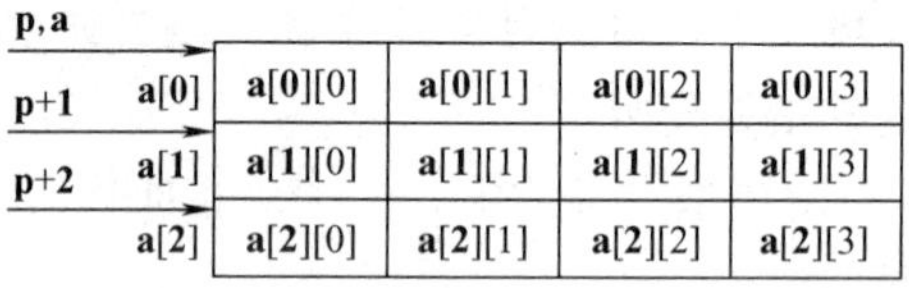

p,a →	a[0]	a[0][0]	a[0][1]	a[0][2]	a[0][3]
p+1 →	a[1]	a[1][0]	a[1][1]	a[1][2]	a[1][3]
p+2 →	a[2]	a[2][0]	a[2][1]	a[2][2]	a[2][3]

图 5-16　指向由 n 个元素组成的一维数组的指针变量

在 C 语言中，**指向由 n 个元素组成的一维数组的指针变量记作“(*p)[n]”**，如图 5-17 所示。p 是指向由 4 个元素组成的一维数组的指针，p 的值是该一维数组的起始地址。p 不能指向一维数组中的某一个元素。

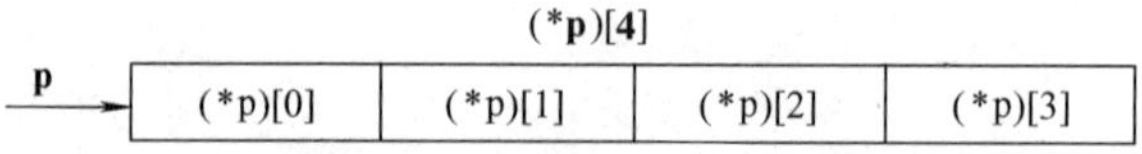

(*p)[4]

p →	(*p)[0]	(*p)[1]	(*p)[2]	(*p)[3]

图 5-17　(*p)[n] 的示意图

【例 5.11】 利用该方法，实现输出例 5.10 中二维数组各元素的值。参考程序如下：

```
#include <stdio.h>
void main( )
{
    int a[3][4]={{2,4,6,8},{10,12,14,16},{18,20,22,24}};
    int j;
    int( * p)[4];      //定义指向由 4 个元素组成的一维数组的指针变量 p
    for(p=a;p<a+3;p++)
    {
```

```
        for(j=0;j<4;j++)
            printf("%4d",*(*p+j));
        printf("\n");
    }
}
```

运行结果：

```
   2   4   6   8
  10  12  14  16
  18  20  22  24
```

【思考】 在本例中，如何用指针变量 p 输出任一元素 a[i][j] 的值？

提示：元素 a[i][j] 的地址为 *(p+i)+j，因此其值可表示为 *(*(p+i)+j)。

3. 用指向二维数组的指针变量作函数参数

一维数组名可以作函数参数，二维数组名也可以作函数参数。用指针变量作形参，以接收实参数组名传递来的地址，可有两种方法：①用指向二维数组元素的指针变量（列指针）；②用指向由 n 个元素组成的一维数组的指针变量（行指针）。

【例 5.12】 某测控系统，利用温度传感器对室内温度进行检测，在上午、下午和夜间 3 个时间段内各检测 4 次。要求利用指向二维数组的指针，计算室内一天内的平均温度，并输出夜间检测到的 4 次温度值。参考程序如下：

```
#include <stdio.h>
void average(float *p,int n);          //函数声明
void print(float(*p)[4],int n);        //函数声明
void main()
{
    float t[3][4]={  {18,20,22,25},        //上午温度
                     {26,24,21,19},        //下午温度
                     {16,14,12,15}         //夜间温度
                  };
    average(*t,12);  //计算平均温度，实参：指向 t[0][0]元素的指针变量(列指针)
    print(t,2);      //输出夜间温度值，实参：二维数组名 t(首行指针)
}
void average(float *p,int n)    //求平均温度，形参：指针变量 p、变量 n
{
    float sum=0,aver;
    float *q;
    for(q=p;q<p+n;q++)
        sum=sum+(*q);
    aver=sum/n;
    printf("一天内的平均温度:%5.1f\n",aver);
}
```

```
void print(float( * p)[4],int n)  //形参 p 是指向具有 4 个元素的一维数组的指针
{
    int j;
    printf("夜间内温度检测值:");
    for(j=0;j<4;j++)
        printf("%5.1f", * ( * (p+n)+j));
    printf("\n");
}
```

运行结果：

```
一天内的平均温度: 19.3
夜间内温度检测值: 16.0 14.0 12.0 15.0
```

5.4 指向字符串的指针

字符串广泛应用于嵌入式系统与物联网软件设计中，本节主要介绍字符串的引用方式和字符串在函数间的传递方式。

5.4.1 字符串的引用方式

1. 字符数组法

在 3.3 节中介绍过，可以用字符数组存放一个字符串，然后通过数组名和下标引用字符串中的一个字符，或通过数组名和格式符“%s”输出该字符串。

【例 5.13】 用字符数组存放一个字符串，然后输出该字符串和第 4 个字符。

```
#include <stdio.h>
void main( )
{
    char str[ ]="I love China!";      //定义字符数组 str
    printf("%s\n",str);               //用%s 格式输出 str 整个字符串
    printf("%c\n",str[3]);            //用%c 格式输出一个字符数组元素
}
```

运行结果：

```
I love China!
o
```

程序中 str 是数组名，它代表字符数组的首地址，如图 5-18 所示。

2. 字符指针法

既然 C 语言对字符串常量是按字符数组处理的，即在内存中开辟一个字符数组用来存放该字符串常量，因此可以将字符串**首元素（第 1 个字符）的地址**赋给一个指针变量，通过指针变量来访问字符串，该指针就是指向字符串的指针。

【例 5.14】 用字符指针变量输出一个字符串和该串的第 4 个字符。

```
#include <stdio.h>
void main( )
```

```
{
    char * p="I love China!";   //定义字符指针变量 p 并初始化
    printf("%s\n",p);           //输出整个字符串
    printf("%c\n", * (p+3));    //输出第 4 个字符
}
```

运行结果：

```
I love China!
o
```

程序中定义了字符型指针变量 p，并将字符串常量"I love China!" 首元素的地址赋给指针变量 p，如图 5-19 所示。

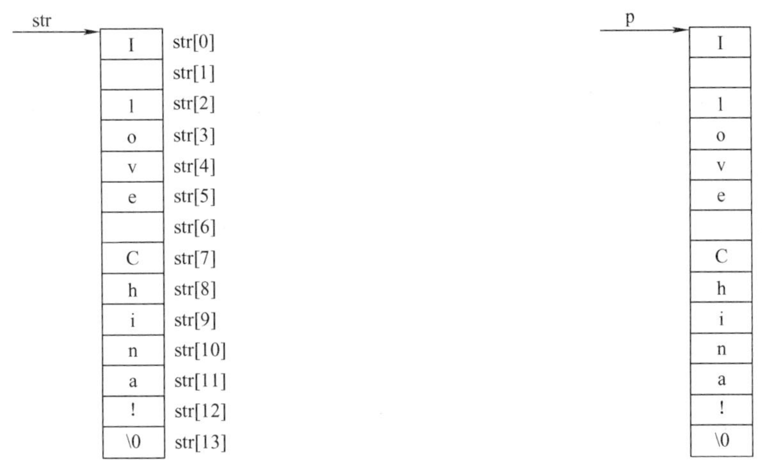

图 5-18 字符数组　　　图 5-19 字符型指针

在使用“%s”格式输出时，输出项是指针变量 p，系统先输出它所指向的一个字符，然后自动使 p 加 1，使之指向下一个字符，再输出一个字符，……，如此直到遇到字符串结束标志'\0'为止。

【例 5.15】 输出字符串中 n 个字符后的所有字符。

```
#include <stdio.h>
void main( )
{
    int n=10;
    char * ps="this is a book";   //定义字符型指针变量并初始化
    ps=ps+n;
    printf("%s\n",ps);
}
```

运行结果：

```
book
```

5.4.2 字符串在函数间的传递方式

在字符串处理运算中，经常需要把一个字符串从一个函数传递给另一个函数，字符串的传递可以用“地址”传递的方法：用字符数组名或字符指针变量作函数参数。字符串由主调

函数传递给被调函数，在被调函数中字符串的内容发生变化后，主调函数就可以引用改变后的字符串。

【例 5.16】 自编字符串复制的函数。

程序 1：用字符数组名作函数参数

```
#include <stdio.h>
void str_cpy(char s[ ],char t[ ]);//函数声明
void main( )
{
  char a[20]="abcdef";      //字符串 a
  char b[20]="12345678";  //字符串 b

  printf("字符串 a:%s\n",a);
  printf("字符串 b:%s\n",b);
  printf("将串 a 复制给串 b:\n");
  str_cpy(a,b);     //数组名作实参
  printf("字符串 a:%s\n",a);
  printf("字符串 b:%s\n",b);
}
//字符串复制函数,数组名作形参
void str_cpy(char s[ ],char t [ ])
{   int i=0;
   for(;s[i]!='\0';i++)
          t[i]=s[i];
   t[i]='\0';  //添加字符串结束标志
}
```

程序 2：用字符指针变量作函数参数

```
#include <stdio.h>
void str_cpy(char * s,char * t);  //函数声明
void main( )
{
  char a[20]="abcdef";      //字符串 a
  char b[20]="12345678";  //字符串 b
  char * pa=a, * pb=b;//定义字符指针变量
  printf("字符串 a:%s\n",a);
  printf("字符串 b:%s\n",b);
  printf("将串 a 复制给串 b:\n");
  str_cpy(pa,pb);//字符指针变量作实参
  printf("字符串 a:%s\n",a);
  printf("字符串 b:%s\n",b);
}
//字符串复制函数,字符指针变量作形参
void str_cpy(char * s,char * t)
{
   for(; * s!='\0';s++,t++)
         * t= * s;
   * t='\0';  //添加字符串结束标志
}
```

以上两个程序运行结果是完全一样的：

```
字符串a:abcdef
字符串b:12345678
将串a复制给串b:
字符串a:abcdef
字符串b:abcdef
```

5.4.3 使用字符指针变量与字符数组的区别

用字符数组和字符指针变量都可实现对字符串的存储和运算，但两者是有区别的，在使用时应注意以下几个问题：

1. 存储内容不同

字符数组由若干个数组元素组成，每个元素存放一个字符，因此可用来存放整个字符串。而字符指针变量只能存放字符串首元素（第 1 个字符）的地址，不是将整个字符串存放到字符指针变量中。

2. 赋值方式不同

(1) 对字符指针变量赋初值 char * ps="C Language";

也可写成：　　char * ps;
　　　　　　　ps="C Language";

(2) 对字符数组赋初值　char st[]="C Language";

而不能写成：　　char st[20];
　　　　　　　　st="C Language";

从以上几点可以看出字符指针变量与字符数组在使用时的区别，同时也可以看出使用指针变量处理字符串更加方便。但要注意在使用指针变量时，需要对指针变量赋予确定的地址。

需要说明：若定义了一个指针变量，并使它指向一个字符串，也可以用下标方式引用指针变量所指向的字符串的字符。

【例 5.17】 用带下标的字符指针变量引用字符串中的字符。

```
#include <stdio.h>
void main( )
{
    int i;
    char * p="I love China!";     //定义字符指针变量 p，并指向字符串的首地址
    for(i=0;p[i]!='\0';i++)
        printf("%c",p[i]);        //通过下标方式引用字符串中的字符
    printf("\n");
}
```

运行结果：I love China!

5.5 指向函数的指针

在程序中定义了一个函数，在编译时，编译系统将为函数代码分配一段存储空间，这段存储空间的起始地址，又称为该函数的入口地址。C 规定，函数名代表函数的入口地址，可定义一个指针变量存放函数的入口地址，则该指针称为**指向函数的指针**，简称函数指针。下面通过一个简单的实例，对比学习通过“函数名”和“指向函数的指针变量”调用函数的方法。

【例 5.18】 用函数求整数 a、b 的和。

(1) 通过“函数名”调用函数：

```
#include <stdio.h>
int add(int x,int y);//函数声明
void main( )
{
  int a,b,sum;
```

(2) 通过“指向函数的指针变量”调用函数：

```
#include <stdio.h>
int add(int x,int y);//函数声明
void main( )
{
  int a,b,sum;
  int ( * p)(int,int);//定义指向函数的指针变量
```

```
    printf("请输入 a、b 的值：");
    scanf("%d%d",&a,&b);
    //通过函数名调用 add 函数
    sum=add(a,b);
    printf("a=%d,b=%d\n",a,b);
    printf("sum=%d\n",sum);
}
int add(int x,int y)
{
    int z;
    z=x+y;
    return(z);
}
```

```
    p=add;    //使指针变量 p 指向 add 函数
    printf("请输入 a、b 的值：");
    scanf("%d%d",&a,&b);
    //通过指针变量调用 add 函数
    sum=(*p)(a,b);
    printf("a=%d,b=%d\n",a,b);
    printf("sum=%d\n",sum);
}
int add(int x,int y)
{
    int z;
    z=x+y;
    return(z);
}
```

通过以上两种方法进行函数调用的运行效果是完全一样的。

通过指针变量调用函数的步骤和方法如下：

1. 定义指向函数的指针变量

定义指向函数的指针变量，一般形式为： **类型标识符 (*指针变量名)(函数参数列表);**

如例 5.18(2) 中的“int (*p)(int,int);”用来定义 p 是一个指向函数的指针变量，最前面的 int 表示这个函数的值（即函数的返回值）是整型的。最后面的括号中有两个 int，表示这个函数有两个 int 型的参数。要特别注意 *p 两侧的括号不能省略，p 先与 * 结合，表示是指针变量，然后再与后面的（）结合，（）表示是函数。

简单地说，“int (*p)(int,int);”表示定义一指针变量 p，它可以指向函数返回值为整型且有两个整型参数的函数。

2. 将函数的入口地址（函数名）赋给指针变量，使指针变量指向函数

例 5.18(2) 中，赋值语句“p=add;”的作用是将 add 函数的入口地址赋给指针变量 p，使指针变量 p 指向 add 函数。

3. 通过“(*指针变量名)(函数参数列表)”调用函数

例 5.18(2) 中，通过指针变量 p 调用 add 函数的语句“(*p)(a,b);”和通过函数名调用 add 函数的语句“add(a,b);”等效。可见通过指针变量调用函数时，只需用“(*指针变量名)”替代函数名即可。

至此，读者可能会提出以下两个问题：

1）用函数名调用函数既直接又易理解，何必绕弯子通过函数指针变量调用函数呢？

2）指向函数的指针变量能否作为函数参数进行信息传递呢？

【例 5.19】 输入两个整数，然后让用户选择 1 或 2，选择 1 时调用 max 函数，输出两数中的大数；选择 2 时调用 min 函数，输出两数中的小数。

下面给出了本例的两个参考程序。

参考程序1：

```
#include <stdio.h>
int max(int x,int y);  //函数声明
int min(int x,int y);  //函数声明


void main( )
{ int(*p)(int,int);  //定义函数指针变量
  int a,b,n;
  printf("请输入a、b的值:");
  scanf("%d%d",&a,&b);
  printf("请选择功能\n");
  printf("1-max\n");
  printf("2-min\n");
  scanf("%d",&n);  //菜单功能选择
  printf("a=%d,b=%d\n",a,b);
  switch(n)
  { case 1: p=max;
            printf("max=%d\n",(*p)(a,b));
            break;
    case 2: p=min;
            printf("min=%d\n",(*p)(a,b));
            break;
  }
}
int max(int x,int y)
{  int z;
   z=(x>y)? x:y;
   return    (z);
}
int min(int x,int y)
{  int z;
   z=(x<y)? x:y;
   return    (z);
}
```

参考程序2：

```
#include <stdio.h>
int max(int x,int y);     //函数声明
int min(int x,int y);     //函数声明
int fun(int x,int y,int (*p)(int,int));//函数声明
void main( )
{
  int a,b,n;
  printf("请输入a、b的值:");
  scanf("%d%d",&a,&b);
  printf("请选择功能\n");
  printf("1-max\n");
  printf("2-min\n");
  scanf("%d",&n);  //菜单功能选择
  printf("a=%d,b=%d\n",a,b);
  switch(n)
  { case 1:
          printf("max=%d\n",fun(a,b,max));
          break;
    case 2:
          printf("min=%d\n",fun(a,b,min));
          break;
  }
}
int fun(int x,int y,int (*p)(int,int))
{  int result;
   result=(*p)(x,y);
   return    (result);
}
int max(int x,int y)
{  int z;
   z=(x>y)? x:y;
   return    (z);
}
int min(int x,int y)
{  int z;
   z=(x<y)? x:y;
   return    (z);
}
```

先看参考程序1，在程序的主函数中定义了一个指向函数的指针变量p，然后使指针变量p先后指向max函数和min函数，但函数调用语句是不变的，即“（*p)(a,b);”。因此不难体会到：用函数名调用函数，只能调用所指定的一个函数，而通过指针变量可以根据不同情况先后调用不同的函数，使用比较灵活。

再看参考程序2，主函数中没有定义指向函数的指针变量p，而是单独定义了一个fun函数，在fun函数中定义了3个形式参数：整型变量x、y以及指向函数的指针变量p。调用fun函数时，将实参a、b的值传递给形参x、y，将max函数或min函数的入口地址传递给形参p，然后即可通过语句“result=(*p)(x,y);”实现对max函数或min函数的调用。显而易见，不论调用max函数还是min函数，fun函数都没有改变，只是改变了实参函数名而已。由于在不同的情况下调用了不同的函数，因此在fun函数中可以输出不同的result值，这就增加了函数使用的灵活性。

通过本例的两个参考程序，可以看出：指向函数的指针变量既可以用来调用函数，也可以作为函数参数，以实现函数入口地址（函数名）与函数指针变量之间的信息传递。

有了上述基础，可以编写一个通用的函数来实现各种专用的功能。例如，编写一个求定积分的通用函数，用它分别求4个函数的定积分：$\int_a^b x\mathrm{d}x$、$\int_a^b x^2\mathrm{d}x$、$\int_a^b e^x\mathrm{d}x$、$\int_a^b \sin x\mathrm{d}x$，这4个函数的定积分可以分别定义为4个函数f1、f2、f3、f4，函数原型可写为“double f(float a，float b);”，其中的两个形参a、b用来接收积分下限和上限的实参数值。然后再编写一个通用函数fun，有3个形参：下限a、上限b、指向函数的指针变量p，其函数原型可写为“void fun(float a，float b，double (*p)(float,float));”。请读者写出完整的程序，并上机测试。

5.6 返回指针值的函数

一个函数可以返回一个整型、实型、字符型的值，也可以返回指针型的值，即返回一个地址。定义返回指针值的函数，一般形式为：　**类型标识符　*　函数名（形参列表）;**

例如“int * f(int x，int y);”，f是函数名，调用它之后能得到一个int *型（指向整型数据）的指针，即整型数据的地址。x和y是函数f的形参，其类型为整型。

请注意在函数名f的两侧分别是*运算符和()运算符，而()优先级高于*，因此f先与()结合，表示是函数。函数前面的*，表示此函数是**指针型函数（函数值是指针）**。最前面的int表示返回的指针指向整型数据。

【例5.20】 利用指针型函数输出静态局部数组的元素值。

```
#include <stdio.h>
int * fun( );          //指针型函数声明
void main( )
{
    int i;
    int * p;           //定义指针变量
    p=fun( );          //调用fun函数，获取一指向整型数据的地址
```

```
    for(i=0;i<3;i++,p++)
        printf("%4d", * p);
    printf("\n");
}
int * fun( )   //指针型函数,返回指向整型数据的指针变量
{
    static int a[ ]={1,2,3,4,5};     //定义静态局部数组
    int  * q=a;                      //定义指针变量 q，并指向数组 a
    return(q);                       //返回数组 a 的首地址
}
```

运行结果：1 2 3

本程序由于数组 a 被定义为静态局部数组，在 fun 函数调用结束后，数组 a 中的内容仍被保留，因此在主函数中可以通过指针变量 p 输出数组 a 中元素的值。

【思考与实验】 如果将例 5.20 中的数组 a 定义为动态局部数组，也就是将 static 去掉，重新编译并运行程序，其运行结果：1 4 1

可见，输出的并不是数组 a 中元素的值，请读者思考其原因。

【例 5.21】 利用指针型函数输出字符串。

```
#include <stdio.h>
char * fun( );   //函数声明
void main( )
{
    char * ps;        //定义指针变量
    ps=fun( );        //调用 fun 函数，获取一指向字符型数据的地址
    printf("%s\n",ps);
}
char * fun( )      //指针型函数，返回指向字符型数据的指针变量
{
    char * str="abcde";       //定义指针变量，并指向字符串
    return(str);              //返回字符串的起始地址
}
```

运行结果：abcde

【例 5.22】 将例 5.21 fun 函数中的字符串存入字符数组，观察程序运行结果。

```
#include <stdio.h>
char * fun( );   //函数声明
void main( )
{
    char * ps;                  //定义指针变量
```

```
    ps=fun( );                  //调用 fun 函数，获取一指向字符型数据的地址
    printf("%x\n",ps);          //输出指针 ps 指向单元的地址
    printf("%s\n",ps);          //输出指针 ps 指向单元的内容
}
char * fun( )       //指针型函数，返回指向字符型数据的指针变量
{
    char str[ ]="abcde";        //定义字符数组，存放字符串
    printf("%x\n",str);         //输出字符数组的首地址
    return(str);                //返回字符数组的首地址
}
```

运行结果：

```
12fee8
12fee8
H ↕
```

从运行结果看，主函数调用 fun 函数后，获取的地址和数组 str 的首地址相同，但通过指针变量 ps 输出字符数组的元素值时，却事与愿违，这是怎么回事呢？

在例 5.21 中，指针 str 指向字符串常量 "abcde"，当 fun 函数调用结束后，字符串常量仍在内存中保留；而在例 5.22 中，尽管数组 str 的首地址能返回给主函数，但在 fun 函数调用结束后，数组 str 已被释放（因为是动态局部数组），因此，在主函数中就无法再通过数组 str 的首地址正常访问数组 str 原来的各元素了。如何解决？请思考并实验。

说明：

1）在常规程序中，函数返回的指针通常应该是：①指向静态（static）变量；②指向通过动态内存分配函数申请分配的内存空间；③指向常量区（如指向字符串 "abcde" ）；④指向全局变量；⑤指向程序代码区（如指向函数的指针）。

2）通过以上几个简单实例理解返回指针值函数的基本概念，在后续的动态内存分配、链表及其操作、文件读写操作等章节将深入学习和体会指针型函数的应用方法。

5.7 指针数组、指向指针的指针

5.7.1 指针数组

1. 指针数组的概念

指针数组是指数组的元素均为指针类型的数据，即指针数组用来存放一批地址，每一个元素都存放一个地址。

定义一维指针数组的一般形式为： **类型标识符 *数组名［数组长度］**；

例如： int *p[3]；

由于［ ］比 * 优先级高，因此 p 先与［3］结合，构成 p[3] 数组的形式，表示数组 p 有 3 个元素；然后再与 p 前面的 * 结合，“ * ”表示数组 p 是指针类型的，即数组 p 包含 3 个指针，均为指向 int 型数据的指针变量。

下面通过两个简单实例，理解指针数组的概念。

【例 5.23】 利用指针数组指向多个整型变量，并输出各整型变量的值。

```
#include <stdio.h>
void main( )
{
    int a=10,b=20,c=30,i;
    int * p[3]={&a,&b,&c};  //定义指针数组并使 3 个元素分别指向 3 个整型变量
    for(i=0;i<3;i++)
        printf("%d\n",* p[i]);  //利用指针数组引用整型变量
}
```

运行结果：

```
10
20
30
```

本例中，定义的指针数组 p 有 3 个元素，分别指向 3 个整型变量 a、b、c，如图 5-20 所示。p[0] 代表变量 a 的地址 &a，而 * p[0] 代表变量 a 的值。

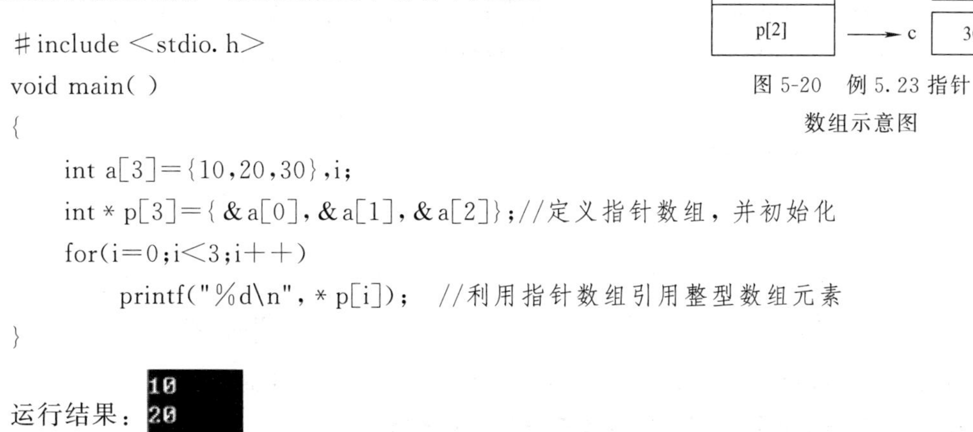

int *p[3]　p[0]　p[1]　p[2]　a　b　c　10　20　30

图 5-20　例 5.23 指针数组示意图

【例 5.24】 利用指针数组指向一维整型数组的各元素，并通过指针数组引用一维整型数组中的各个元素。

```
#include <stdio.h>
void main( )
{
    int a[3]={10,20,30},i;
    int * p[3]={&a[0],&a[1],&a[2]};//定义指针数组，并初始化
    for(i=0;i<3;i++)
        printf("%d\n",* p[i]);  //利用指针数组引用整型数组元素
}
```

运行结果：

```
10
20
30
```

本例中，定义的指针数组 p 有 3 个元素，分别指向一维数组 a 的 3 个元素 a[0]、a[1]、a[2]，如图 5-21 所示。p[0] 代表数组元素 a[0] 的地址 &a[0]，而 * p[0] 代表数组元素 a[0] 的值。

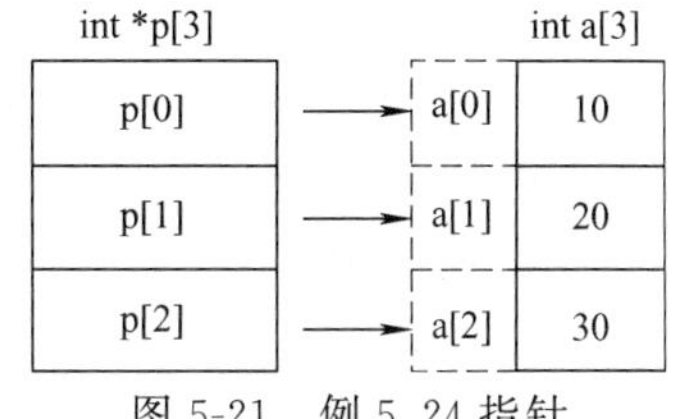

图 5-21　例 5.24 指针数组示意图

以上两例，仅为了说明指针数组的概念。

2. 指针数组的实际应用

在实际应用中，指针数组主要有三个用途：一是利用字符型指针数组处理多个字符串；二是利用函数型指针数组实现对若干个函数的调用；三是指针数组作 main 函数的形参。

(1) 多个字符串的处理方法　前面已介绍，一个字符串可用一维数组来存放，而多个字符串可用二维数组存放。若用字符型指针引用多个字符串，则需要多个指针，因此也可利用字符型指针数组处理多个字符串。

【例 5.25】 分别用二维数组和字符型指针数组处理多个字符串。

(1) 用二维数组处理多个字符串：

```
#include <stdio.h>
void main( )
{
    char str[3][5]={"ab","abc","abcd"};
    int i;
    for(i=0;i<3;i++)
        printf("%s\n",str[i]);
}
```

(2) 用字符型指针数组处理多个字符串：

```
#include <stdio.h>
void main( )
{
    char * ps[3] ={"ab","abc","abcd"};
    int i;
    for(i=0;i<3;i++)
        printf("%s\n",ps[i]);
}
```

以上两种方式，运行结果是完全一样的：

```
ab
abc
abcd
```

用上述两种方式处理多个字符串时，有何区别呢？

1）利用二维数组处理多个字符串：如图 5-22 所示，数组 str 是一个 3 行 5 列的字符数组，每行一个字符串，共 3 行，每行占 5 个字节。

2）利用指针数组处理多个字符串：如图 5-23 所示，每个指针数组元素指向一个字符串，这 3 个字符串单独按照各自的长度放在内存中，因此可节省内存空间。

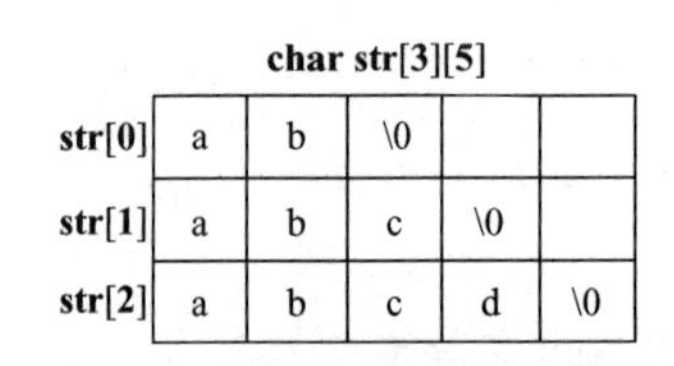

图 5-22 二维数组存放多个字符串

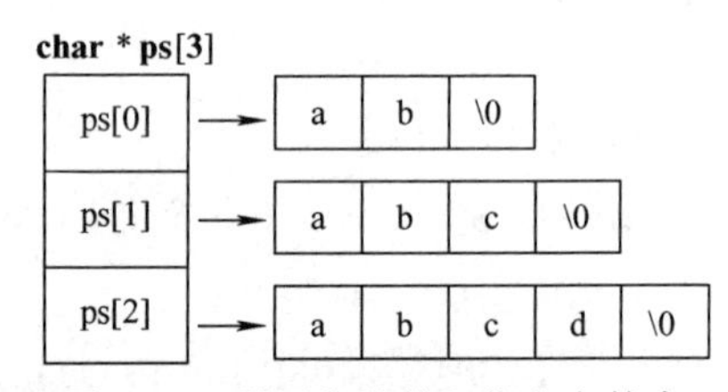

图 5-23 利用指针数组指向字符串

根据例 5.25 可知，字符型指针数组可灵活处理多个字符串数据。

(2) 利用函数型指针数组实现对若干个函数的调用

【例 5.26】 函数型指针数组的应用：实现对若干个函数的调用。

```
#include <stdio.h>
void max(int x,int y);   //函数声明
void min(int x,int y);   //函数声明
void add(int x,int y);   //函数声明
void main( )
{
    int a,b,i;
    void  ( * p[3])(int,int)={max,min,add}; //定义函数型指针数组，存放 3 个函数名
    printf("请输入两个整数:");
    scanf("%d%d",&a,&b);
```

```
    printf("a=%d,b=%d\n",a,b);
    for(i=0;i<3;i++)
        (*p[i])(a,b);    //利用函数型指针数组调用函数
}
void max(int x,int y)
{   int z;
    z=(x>y)? x:y;
    printf("max=%d\n",z);
}
void min(int x,int y)
{   int z;
    z=(x<y)? x:y;
    printf("min=%d\n",z);
}
void add(int x,int y)
{   int z;
    z=x+y;
    printf("sum=%d\n",z);
}
```

运行结果：

```
请输入两个整数：23 45
a=23,b=45
max=45
min=23
sum=68
```

(3) 指针数组作 main 函数的形参 在一般的程序中，main 函数不带参数，调用 main 函数时也不必给出实参。实际上，在一些人机交互应用系统中，main 函数是可以带参数的。例如： **void main(int argc, char * argv[ ])**

其中，argc 和 argv 是 main 函数的形参，它们是程序的“命令行参数”。argc 是 argument count 的缩写，表示参数个数；argv 是 argument vector 的缩写，表示参数向量，它是一个字符型指针数组，数组中每个元素指向命令行中的一个字符串。

通常 main 函数和其他函数组成一个文件模块，有一个文件名。对这个文件进行编译和连接，得到可执行文件（.exe 文件）。用户执行这个可执行文件时，操作系统就调用 main 函数，然后由 main 函数调用其他函数，从而完成程序的运行。

操作系统调用 main 函数时，操作系统将实参传递给 main 函数。在操作系统命令状态下，命令行的一般形式为： **命令字（可执行文件名） 参数 1 参数 2 … 参数 n**

命令字和各参数之间用空格隔开，命令字是可执行文件名（此文件包含 main 函数）。

例如：可执行文件名为 SW.exe，现将两个字符串“OPEN”“CLOSE”作为参数传递给 main 函数，则命令行可以写成： SW OPEN CLOSE

实际上，可执行文件名应包括文件路径，为简化说明问题，用 SW 代表。命令行中的 3 个字符串的首地址构成一个指针数组，如图 5-24 所示。

需要说明的是：argc的值和argv[ ]各元素的值都是系统自动赋值的。其中argc的值等于命令行中字符串的总个数(包括命令字)；argv指针数组中的元素argv[0]、argv[1]、argv[2]、…依次指向"命令字""参数1""参数2"…的字符串。

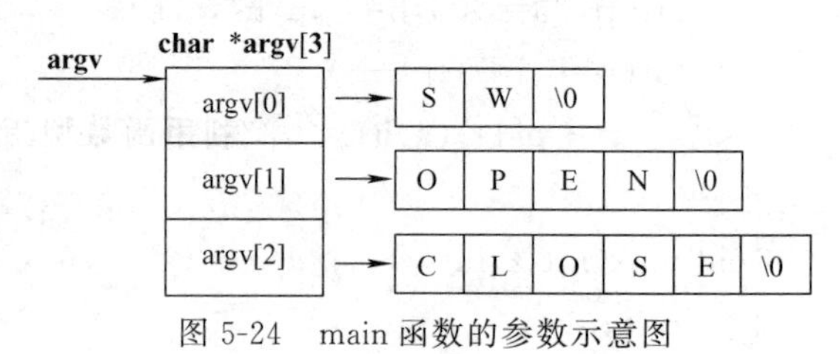

图5-24　main函数的参数示意图

【例5.27】 测试带有参数的main函数。

在VC++ 6.0开发环境中建立工程，工程名为test，保存路径为D:\test。在此工程中，建立ex.c文件：

```
#include <stdio.h>
void main(int argc,char * argv[ ])
{
    while(argc>0)
    {
        printf("%s\n", * argv);  //输出命令行中的字符串
        argv++;
        argc--;
    }
}
```

在VC++ 6.0环境下对程序进行编译和连接后，选择"Project"→"Settings"→"Debug"选项，在"Program arguments:"文本框中输入字符串"abcd　123456"，如图5-25所示。

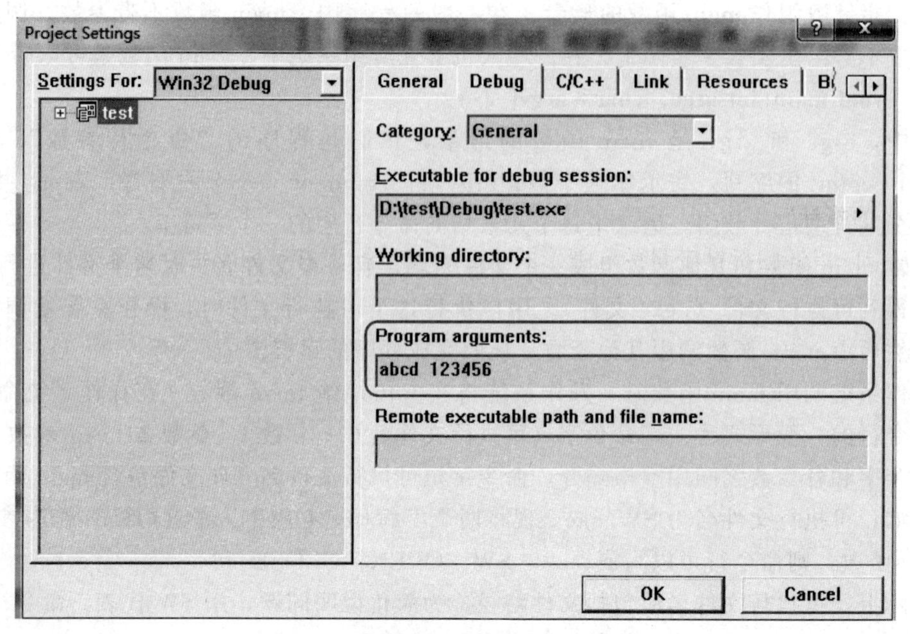

图5-25　测试带有参数的main函数

运行结果：

```
D:\test\Debug\test.exe
abcd
123456
```

其中，第一、二、三行分别对应命令行中的命令字（包括路径的可执行文件名）和两个参数。

也可以在 DOS 命令提示符下，在盘根目录下输入 test \ debug \ test abcd 123456 后，在输入行的下面依次输出命令行中的可执行文件名和参数：

```
管理员: Command Prompt

D:\>test\debug\test abcd 123456
test\debug\test
abcd
123456
```

5.7.2　指向指针的指针

在 5.2 节学过，可通过指针间接访问普通变量。例如：

```
int a=3;
int * num= &a;              //定义指针变量 num，指向变量 a
printf("%d\n", * num);      //通过指针变量 num 引用变量 a
```

通过指针变量 num 间接访问变量 a，该方式称为“单级间址”访问方式，如图 5-26 所示。

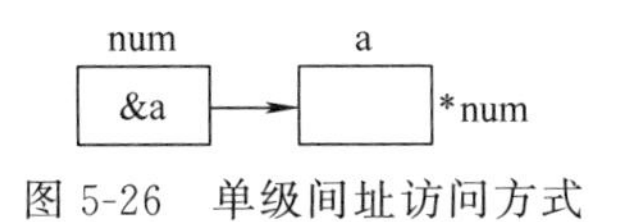

图 5-26　单级间址访问方式

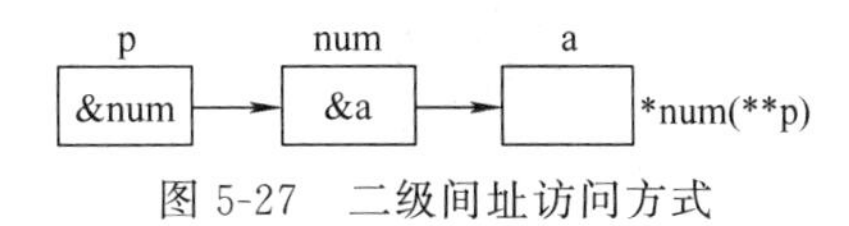

图 5-27　二级间址访问方式

如图 5-27 所示，若再定义一个指针变量 p，存放指针变量 num 的地址，则可通过指针变量 p 访问变量 a，该方式称为“二级间址”访问方式。

指针变量 p 指向了另一个指针变量 num，因此 p 是**指向指针数据的指针变量，简称“指向指针的指针”**。

定义指向指针的指针变量的一般形式为：　**类型标识符　* * 指针变量名**

例如：　　int　**p;

表示指针变量 p 指向一个整型的指针变量。p 的前面有两个 * 号，根据附录 C 可知，* 运算符的结合性是从右到左，因此 * * p 相当于 * (* p)。

【例 5.28】 分析程序，理解指向指针的指针。

```
#include <stdio.h>
void main( )
{
    int a=3;
    int * num= &a;              //定义指针变量 num，指向变量 a
```

```
    int * * p= &num;         //定义指针变量 p，指向指针变量 num
    printf("%x\n",num);      //指针变量 num 的值为变量 a 的地址 &a
    printf("%x\n", * p);     //* p 表示指针变量 num 的值，即变量 a 的地址 &a
    printf("%d\n", * * p);   //* * p 相当于 *( * p)，即 * &a (变量 a 的值)
}
```

运行结果：

```
12ff44
12ff44
3
```

在实际应用中，指向指针的指针常与指针数组配合使用处理问题。

【例 5.29】 如图 5-28 所示，有一指针数组 num，其元素分别指向一维整型数组 a 的各元素。现用指向指针的指针变量 p，依次输出整型数组 a 中各元素的值。

```
#include <stdio.h>
void main( )
{
    int a[3]={10,20,30},i;
    int * num[3]={ &a[0],&a[1],&a[2]};   //定义指针数组 num
    int * * p=num;   //定义指向指针的指针变量 p，并指向指针数组 num 的首地址
    for(i=0;i<3;i++,p++)
        printf("%d\n", * * p);   //利用指向指针的指针变量 p 引用整型数组元素
}
```

运行结果：

```
10
20
30
```

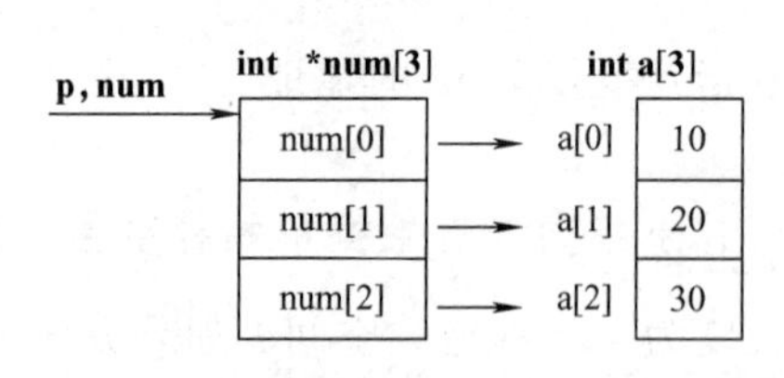

图 5-28 例 5.29 示意图

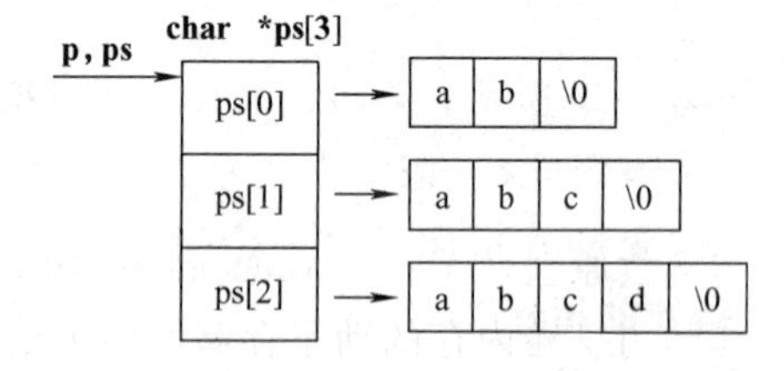

图 5-29 例 5.30 示意图

【例 5.30】 如图 5-29 所示，有一指针数组 ps，其元素分别指向 3 个字符串。现用指向指针的指针变量 p，依次输出 3 个字符串。

```
#include <stdio.h>
void main( )
{
    int i;
    char * ps[3] ={"ab","abc","abcd"};   //定义指针数组 ps
    char * * p=ps;   //定义指向指针的指针变量 p，并指向指针数组 ps 的首地址
```

```
    for(i=0;i<3;i++,p++)
        printf("%s\n",*p);  //利用指向指针的指针变量p输出字符串
}
```

运行结果：
```
ab
abc
abcd
```

5.8　内存动态分配与指向动态内存区的指针变量

5.8.1　内存动态分配的概念

在 4.5 节中介绍过全局变量和局部变量，全局变量分配在内存中的静态存储区，非静态的局部变量（包括形参）分配在内存中的动态存储区。除此之外，C 语言还允许建立内存动态分配区域，用来存放一些临时用的数据，这些数据不必在程序中的声明部分定义，也不必等函数结束时才释放，而是需要时随时申请开辟，不需要时随时释放。**在内存中动态分配的数据，只能通过指针来引用**。

5.8.2　内存动态分配的方法

对内存的动态分配是通过系统提供的库函数来实现的，在此主要介绍 malloc、calloc、free、realloc 这 4 个函数，这 4 个函数的声明在 stdlib.h 头文件中，因此使用这些函数时，需要用预处理指令“#include<stdlib.h>”将 stdlib.h 头文件包含到程序文件中。

1. malloc 函数

malloc 的全称是 memory allocation，意为内存动态分配，其函数原型：

void * malloc(unsigned size);

其作用是在内存的动态存储区中申请分配一个长度为 size 的连续空间。如果分配成功，函数返回一个指向所分配内存首字节地址的指针，否则返回空指针 NULL。

2. calloc 函数

其函数原型：**void * calloc(unsigned n, unsigned size);**

其作用是在内存的动态存储区中申请分配 n 个长度为 size 的连续空间。如果分配成功，函数返回一个指向所分配内存首字节地址的指针，否则返回空指针 NULL。

3. free 函数

其函数原型：**void free(void * p);**

其作用是释放指针变量 p 所指向的动态内存空间，使此空间成为再分配的可用内存。指针变量 p 应是最近一次调用 malloc 或 calloc 函数时得到的返回值。

4. realloc 函数

其函数原型：**void * realloc(void * p, unsigned newsize);**

其作用是把由指针变量 p 所指向的已分配的内存空间大小变为 newsize。如果分配成功，则返回指针变量 p，否则返回空指针 NULL。

【例 5.31】 malloc 函数、calloc 函数、free 函数的应用：动态数组的建立和释放。

程序（1）：

```
#include <stdio.h>
#include <stdlib.h>

void main( )
{
    int i, * p;
    p=(int * )malloc(5 * sizeof(int));
//或:p=(int * )calloc(5,sizeof(int));
    if(p==NULL)     //分配失败
    {
        printf("分配失败\n");
        exit(1);
    }
    else        //分配成功
    {
        for(i=0;i<5;i++)   p[i]=i;
        for(i=0;i<5;i++)
            printf("%d  ",p[i]);
        printf("\n");
        free(p);      //释放空间
    }
}
```

运行结果：0 1 2 3 4

程序（2）：

```
#include <stdio.h>
#include <stdlib.h>
#include <string.h>
void main( )
{
    char * ps=NULL;
    ps=(char * )malloc(10 * sizeof(char));
//或: ps=(char * )calloc(10,sizeof(char));
    if(ps==NULL)     //分配失败
    {
        printf("分配失败\n");
        exit(1);
    }
    else        //分配成功
    {
        strcpy(ps,"China");
        printf("%s",ps);
        printf("\n");
        free(ps);      //释放空间
    }
}
```

运行结果：China

说明：

1）在调用 malloc 或 calloc 函数时，参数 size 通常利用 sizeof 运算符测定在当前系统中某数据类型的字节数。malloc 或 calloc 函数返回值是 void * 型的，通常需要进行强制类型转换后赋给一指针变量。

2）以上程序中，没有定义数组，而是通过 malloc 或 calloc 函数申请开辟了一段动态内存分配区，作为**动态数组**使用。

3）程序结束前，要使用 free 函数释放已分配的内存空间，防止“内存泄漏”，影响系统的正常运行。

4）malloc 和 calloc 函数都可以用来申请动态内存空间，但也有区别：malloc 函数申请的内存中的数据是不确定的随机值，而 calloc 函数申请的内存空间被系统初始化为零。请读者在本例的基础上编程体会。

【例 5.32】 realloc 函数的应用：增大动态数组的空间。

```
#include <stdio.h>
#include <stdlib.h>
void main( )
{
    int i, * pn;
    pn=(int * )malloc(5 * sizeof(int));         //申请内存空间
    printf("malloc: %x\n",pn);                  //输出申请内存空间的首地址
    for(i=0;i<5;i++)
        pn[i]=i;
    pn=(int * )realloc(pn,10 * sizeof(int)); //重新申请分配内存，扩大空间
    printf("realloc:%x\n",pn);                  //输出重新分配的内存空间的首地址
    for(i=5;i<10;i++)
        pn[i]=i;
    for(i=0;i<10;i++)
        printf("%3d",pn[i]);
    printf("\n");
    free(pn);      //释放空间
}
```

运行结果：

```
malloc: 3b06d0
realloc:3b06d0
  0  1  2  3  4  5  6  7  8  9
```

说明：

用 malloc 函数申请 size 的内存空间（设返回内存地址 p）后，再用 realloc 函数重新申请更大的 newsize 内存空间时：

1）如果原来的 size 内存后面有足够的剩余空间，realloc 函数新申请的内存是在原来的 size 内存后面获得附加的字节内存，使内存大小由 size 增至 newsize，并且 realloc 函数还是返回原来内存的地址 p，可见原来的内存数据并没有发生变动。

2）如果原来的 size 内存后面没有足够的剩余空间，realloc 函数将申请新的内存，然后把原来的内存数据复制到新的内存中，原来的内存将被释放掉，realloc 函数返回新的内存地址 p。

本节所介绍的内存动态分配，通常用于建立程序中的动态数据结构，如动态数组、动态链表等，其中动态链表将在第 6 章 6.8 节具体学习。

5.9　指针小结

本章涉及的指针内容较多，包括指向普通变量的指针，指向数组的指针，指向字符串的指针，指向函数的指针，返回指针值的函数，指针数组、指向指针的指针，内存动态分配与指向动态内存区的指针变量。现对所介绍过的指针进行归纳比较，如表 5-3 所示。

表 5-3　变量的类型及含义

变量定义	含　义
int　i;	定义整型变量 i
int * p;	定义 p 为指向整型数据的指针变量
int a[5];	定义整型数组 a，含有 5 个元素
int * p[5];	定义指针数组 p，它由 5 个指向整型数据的指针元素组成
int (* p) [5];	定义 p 为指向包含 5 个元素的一维数组的指针变量
int fun( );	fun 为返回整型值的函数
int * p( );	p 为返回一个指针的函数，该指针指向整型数据
int(* p)( );	定义 p 为指向函数的指针，该函数返回一个整型值
int * * p;	定义 p 为指向整型指针数据的指针变量
void * p;	定义 p 为一个空类型的指针变量，不指向具体的对象

指针是C语言中非常重要的概念，也是C语言的一大特色。使用指针处理问题，优点在于：①利用指针可以实现直接对硬件地址进行操作，因此可有效提高程序的执行效率；②在调用函数时，当指针指向的变量的值发生改变时，这些值能被主调函数所使用，并可以通过函数调用得到多个可改变的值；③可以实现内存动态分配。

应当指出，指针是C语言学习的重难点，这对初学者来说可能有难度，但只要肯努力，学习中遇到的困难也便迎刃而解。

练　习　题

一、选择题

1. 若有语句“int * p，a=4;”和“p=&a;”，则下面均代表地址的一组选项是（　　）。

   A. a、p、 * &a　　　　B. & * a、&a、 * p

   C. * &p、 * p、&a　　　　D. &a、& * p、p

2. 若有定义“int * p，m=5，n;”，则以下的程序段正确的是（　　）。

   A. p=&n;　scanf("%d",&p);　　　　B. p=&n;　scanf("%d", * p);

   C. scanf("%d",&n);　 * p=n;　　　　D. p=&n;　 * p=m;

3. 若有声明“int i，j=2， * p=&i;”，则能完成“i=j;”赋值功能的语句是（　　）。

   A. i= * p;　　B. * p= * &j;　　C. i=&j;　　D. i= * * p;

4. 有以下程序：

```
#include <stdio.h>
void main( )
{    int m=1,n=2, * p=&m, * q=&n, * r;
     r=p;p=q;q=r;
     printf("%d,%d,%d,%d\n",m,n, * p, * q);
}
```

程序运行后的输出结果是（　　）。

A. 1,2,1,2　　B. 1,2,2,1　　C. 2,1,2,1　　D. 2,1,1,2

5. 已有变量定义和函数调用语句“int a=25; print_value(&a);”，下面函数的正确输出结果是（　　）。

```
void print_value(int * x)
{   printf("%d\n",++ * x);
}
```

A. 23　　B. 24　　C. 25　　D. 26

6. 以下程序运行后的输出结果为（　　）。

```
#include <stdio.h>
int * f(int * x,int * y)
{    if( * x< * y)   return x;
     else      return y;
}
void main( )
{    int a=7,b=8, * p, * q, * r;
     p= &a,q= &b;
     r=f(p,q);
     printf("%d,%d,%d\n", * p, * q, * r);
}
```

A. 7,8,8　　B. 7,8,7　　C. 8,7,7　　D. 8,7,8

7. 若有定义“int a[9]，* p=a;”，并在以后的语句中未改变 p 的值，不能表示 a[1] 地址的表达式是（　　）。

A. p+1　　B. a+1　　C. a++　　D. ++p

8. 若已有定义“int a[5]={15，12，7，31，47}，* p;”，则下列语句中正确的是（　　）。

A. for(p=a;a<(p+5);a++);　　B. for(p=a;p<(a+5);p++);

C. for(p=a,a=a+5;p<a;p++);　D. for(p=a;a<p+5;++a);

9. 下面程序段的运行结果是（　　）。

```
#include <stdio.h>
void f(int * b)
{    b[0]=b[1];
}
void main( )
{    int a[10]={1,2,3,4,5,6,7,8,9,10},i;
     for(i=2;i>=0;i--)   f(&a[i]);
     printf("%d\n",a[0]);
}
```

A. 4　　B. 3　　C. 2　　D. 1

10. 若有定义“char a[10]，* b=a;”，不能实现给数组 a 输入字符串的语句是（　　）。

A. gets(a)　　B. gets(a[0])　　C. gets(&a[0]);　　D. gets(b);

11. 下面程序段的运行结果是（　　）。

```
char * p="abcde";
p+=2;
printf("%s",p);
```

A. cde　　B. 字符'c'　　C. 字符'c'的地址　D. 无确定的输出结果

12. 以下程序段中，不能正确赋字符串（编译时系统会提示错误）的是（　　）。

A. char s[10]="abcdefg";　　B. char t[ ]="abcdefg", * s=t;

C. char s[10];　s="abcdefg";　　D. char s[10];　strcpy(s,"abcdefg");

13. 下面程序段的运行结果是（　　）。

```
#include  <stdio.h>
#include  <string.h>
void main( )
{    char * s1="AbDeG", * s2="AbdEg";
     s1+=2;s2+=2;
     printf("%d\n",strcmp(s1,s2));
}
```

A. 正数　　B. 负数　　C. 零　　D. 不确定的值

14. 若有定义“int a[3][4];”，不能表示数组元素 a[1][1] 的表达式是（　　）。

A. *(a[1]+1)　B. *(&a[1][1])　C. (*(a+1)[1])　D. *(a+5)

15. 设有声明“int(*ptr)[5];”，其中 ptr 是（　　）。

A. 5 个指向整型变量的指针

B. 指向 5 个整型变量的函数指针

C. 一个指向具有 5 个整型元素的一维数组的指针

D. 具有 5 个指针元素的一维指针数组，每个元素都只能指向整型量

16. 若有语句“int a[4][5],(*p)[5];　p=a;”，则对 a 数组元素引用正确的是（　　）。

A. p+1　　B. *(p+3)　　C. *(p+1)+3　D. *(*p+2)

17. 若有函数首部“int　fun(double　x[10],　int　*n)”，则下面针对此函数的函数声明语句中正确的是（　　）。

A. int　fun(double x, int * n);　　B. int　fun(double, int);

C. int　fun(double * x, int n);　　D. int　fun(double * , int *);

18. 类型相同的两个指针变量之间，不能进行的运算是（　　）。

A. <　　B. =　　C. +　　D. -

19. 设有定义“int(*ptr)( );”，则以下叙述中正确的是（　　）。

A. ptr 是指向一维数组的指针变量

B. ptr 是指向 int 型数据的指针变量

C. ptr 是指向函数的指针，该函数返回一个 int 型数据

D. ptr 是一个函数名，该函数的返回值是指向 int 型数据的指针

20. 若有函数 max(x, y)，并且已使函数指针变量 p 指向函数 max，当调用该函数时，正确的调用方法是（　　）。

A. （*p)max(a，b)；　　　　B. *pmax(a，b)；

C. （*p)(a，b)；　　　　D. *p(a，b)；

21. 在声明语句"int *f( );"中，标识符 f 代表的是（　　）。

A. 一个用于指向整型数据的指针变量　　B. 一个用于指向一维数组的指针

C. 一个用于指向函数的指针变量　　D. 一个返回值为指针型的函数名

22. 若有语句"char *ps[2]={"abcd","ABCD"};"，则以下说法中正确的是（　　）。

A. ps 数组元素的值分别是"abcd" 和"ABCD"

B. ps 是指针变量，它指向含有两个数组元素的字符型一维数组

C. ps 数组的两个元素分别存放着含有 4 个字符的一维字符数组的首地址

D. ps 数组的两个元素中各自存放了字符'a'和'A'的地址

23. 若有声明"int *p，a;"，则不能通过 scanf 函数给输入项读入数据的程序是（　　）。

A. *p=&a;scanf("%d"，p)；

B. scanf("%d"，p=&a)；

C. p=(int *)malloc(sizeof(int))；scanf("%d"，p)；

D. scanf("%d",&a)；

24. 以下叙述正确的是（　　）。

A. C 语言允许 main 函数带形参，且形参个数和形参名均可由用户指定

B. C 语言允许 main 函数带形参，形参名只能是 argc 和 argv

C. 当 main 函数带有形参时，传给形参的值只能从命令行中得到

D. 有声明"main(int argc，char *argv);"，则形参 argc 的值必须大于 1

二、程序设计题

25. 用指针变量作为函数参数，实现：输入 3 个整数，按由大到小的顺序输出。

26. 编写一个用矩形法求定积分的通用函数，用它分别求以下 3 个函数的定积分：

$\int_a^b x\,dx$　　$\int_a^b x^2\,dx$　　$\int_a^b \sin x\,dx$

第6章 结构体、共用体、枚举类型

【学习目标】

1. 掌握结构体类型的声明方法；
2. 掌握结构体变量的定义、初始化及成员引用方法；
3. 掌握结构体数组及应用；
4. 掌握结构体指针及应用；
5. 掌握共用体、枚举类型及应用；
6. 掌握 typedef 声明新类型名的方法；
7. 掌握链表的概念及其操作方法。

6.1 结构体概述

前面已经介绍了基本类型（整型、实型、字符型）和一种构造类型——数组，数组是将**相同类型**的多个数据组合在一起。

在实际问题中，一组数据往往具有不同的数据类型。例如，在学生成绩表中，一个学生的学号为整型，姓名为字符型，性别为字符型，成绩为实型。显然不能用一个数组将某个学生的这些数据组合在一起，因为数组中各元素的类型和长度都必须一致。为解决这一问题，C 语言允许用户自己建立由不同类型数据组成的组合型数据结构——**“结构体”**。例如：

```
struct Student
{
     int  stu_ID;          //学号
     char name[20];        //姓名
     char sex;             //性别
     float score;          //成绩
};              //注意最后要有分号
```

上面由用户指定了一个新的结构体类型 struct Student（struct 是声明结构体类型时所必须使用的关键字，不能省略），它向编译系统声明这是一个“结构体类型”，它包括 stu_ID、name、sex、score 等不同类型的数据项。

需要说明的是：struct Student 是用户指定的一个数据类型名，它和系统提供的标准类型（如 int、char、float、double 等）具有相似的作用，都可以用来定义变量、数组等。

声明一个结构体类型的一般形式如下：

```
     struct 结构体名
     {
```

成员列表

};

“结构体名”用作结构体类型的标志，上面的结构体声明中，Student 就是结构体名。成员列表由若干个成员组成，如上例中的 stu _ ID、name、sex、score 都是成员，由各个成员组成一个结构体。对每个成员都应进行声明： **类型标识符 成员名;**
成员名的命名应符合标识符的书写规定。

需要说明的是，声明的结构体类型，与基本类型一样，仅相当于一个模型，其中并无具体数据，系统并不对其分配内存空间。系统只对变量或数组分配内存空间，因此为了能在程序中使用结构体类型的数据，应当定义结构体类型的变量或数组，即结构体变量或结构体数组，并在其中存放具体的数据。

6.2 结构体变量

本节主要介绍结构体类型变量的定义、初始化及引用方法。

6.2.1 定义结构体变量的方法

定义结构体变量有以下 3 种方法。

1. 先声明结构体类型，再定义结构体变量

例如：

```
struct Student
{
    int  stu_ID;          //学号
    char name[20];        //姓名
    char sex;             //性别
    float score;          //成绩
};
struct Student stu1,stu2;
```

定义的两个变量 stu1 和 stu2 都是 struct Student 结构体类型的，都具有 struct Student 类型的结构，如图 6-1 所示。

stu_ID	name	sex	score
1001	Zhang Ming	M	85.5
1002	Li Ling	F	92.0

图 6-1 结构体类型变量示意图

这种方式中，声明类型和定义变量分离，在声明类型后可以随时定义变量，使用灵活。

根据结构体类型中包含的成员表，可以计算出结构体类型的长度。例如，上面声明的 struct Student 结构体类型，在 VC++中的长度是 29 个字节（4+20+1+4）。但在 VC++中利用“sizeof(struct Student);”语句测试结构体类型 struct Student 的长度时，得到的结果不是理论值 29，而是 32。这是因为计算机系统对内存的管理是以“字”为单位的（很多计算机系统以 4 个字节为一个字），因此成员 sex 虽然只占 1 个字节，但系统仍按 1 个字进行管理，该字的其他 3 个字节不会存放

其他数据。

2. 在声明结构体类型的同时定义结构体变量

例如：

```
struct Student
{
    int  stu_ID;          //学号
    char name[20];        //姓名
    char sex;             //性别
    float score;          //成绩
}stu1,stu2;
```

该方式定义的一般形式如下：

struct 结构体名

{

成员列表

}变量名列表;

这种方式中，声明类型和定义变量一起进行，能直接看到结构体的结构，较为直观，在编写小程序时常用。

3. 不指定结构体名而直接定义结构体变量

例如：

```
struct
{
    int  stu_ID;          //学号
    char name[20];        //姓名
    char sex;             //性别
    float score;          //成绩
}stu1,stu2;
```

该方式定义的一般形式如下：

struct

{

成员列表

}变量名列表;

即不出现结构体名，而直接给出结构体变量。这种方式中，由于没有结构体名，因此不能再用此结构体类型去定义其他变量，实际应用较少。

说明：

1）结构体中的成员也可以是一个结构体类型的变量，如图6-2所示。

stu_ID	name	sex	birthday			score
			month	day	year	

图6-2 结构体的数据结构示意图

按图 6-2 可给出以下的结构体：

```
struct Date
{
    int month;          //月
    int day;            //日
    int year;           //年
};
struct Student
{
    int   stu_ID;               //学号
    char name[20];              //姓名
    char sex;                   //性别
    struct Date birthday;       //birthday 为 struct Date 类型
    float score;                //成绩
}stu1,stu2;
```

首先声明一个 struct Date 类型，由 month、day、year 这 3 个成员组成；然后在声明 struct Student 类型并定义变量 stu1 和 stu2 时，将其中的成员 birthday 指定为 struct Date 类型。

2）结构体中的成员名可与程序中其他变量同名，但二者代表不同的对象，互不干扰。

6.2.2　结构体变量的初始化

和其他类型的变量一样，结构体变量可以在定义时进行初始化赋值。例如：

```
struct Student
{
    int   stu_ID;               //学号
    char name[20];              //姓名
    char sex;                   //性别
    float score;                //成绩
}stu1={1001,"Zhang ping",'M',78.5};
```

6.2.3　结构体变量的引用

在定义结构体变量以后，便可引用该变量。在 ANSI C 中除了允许具有相同类型的结构体变量相互赋值以外，一般对结构体变量的输入、输出及各种运算都是通过结构体变量的成员来实现的。

引用结构体变量成员的一般形式为：　　**结构体变量名．成员名**

例如：　　stu1. stu _ ID　　　　即第一名学生的学号

　　　　　stu2. sex　　　　　　即第二名学生的性别

“.”是成员（分量）运算符，它在所有的运算符中优先级最高，因此可以把 stu1. stu _ ID 作为一个整体看待。

如果成员本身又是一个结构体类型，则必须逐级找到最低级的成员才能使用。例如：stu1. birthday. month 为第一名学生出生的月份。

【例 6.1】 结构体变量的初始化和引用。

```
#include <stdio.h>
#include <string.h>
struct Student                  //声明结构体类型
{
    int   stu_ID;               //学号
    char name[20];              //姓名
    float score;                //成绩
};
void main( )
{
    struct Student stu1={1001,"Sun Li",75.0};   //定义 stu1 变量并初始化
    struct Student stu2,stu3;                   //定义 stu2、stu3 变量
    stu2. stu_ID =1002;                         //引用结构体变量成员，并赋值
    strcpy(stu2.name,"Zhang Ping");
    stu2.score=80.0;
    stu3=stu1;                                  //结构体变量相互赋值
    printf("学号\t 姓名\t\t      成绩\n");
    printf("%d   %-20s   %4.1f\n",stu1.stu_ID,stu1.name,stu1.score);
    printf("%d   %-20s   %4.1f\n",stu2.stu_ID,stu2.name,stu2.score);
    printf("%d   %-20s   %4.1f\n",stu3.stu_ID,stu3.name,stu3.score);
}
```

运行结果：

```
学号    姓名                    成绩
1001  Sun Li                  75.0
1002  Zhang Ping              80.0
1001  Sun Li                  75.0
```

printf 函数中的格式“%－20 s”表示输出字符串，输出的字符串最小宽度是 20，并且向左靠齐。

对结构体变量的几点说明：

1）对结构体变量成员可以和普通变量一样进行各种运算。例如：

```
stu3.score=stu2.score+10;
sum=stu1.score+stu2.score+stu3.score;
```

2）可以引用结构体变量成员的地址，也可以引用结构体变量的地址。例如：

```
scanf("%f",&stu1.score);     //输入 stu1.score 的值
scanf("%s",stu1.name);       //输入 stu1.name 的字符串，注意不需要取地址符&
printf("%x",&stu1);          //输出 stu1 的首地址
```

6.3 结构体数组

一个结构体变量可以存放一个学生的相关数据，若有多个学生的数据需要保存和处理时，自然会想到使用结构体数组，结构体数组中的每个元素都是一个结构体类型的数据。

6.3.1 定义结构体数组的方法

定义方法和结构体变量相似，只需把它定义成数组即可。例如：

```
struct Student
{
    int    stu_ID;            //学号
    char   name[20];          //姓名
    float  score;             //成绩
}stu[5];
```

定义的结构体数组 stu，共有 5 个元素，stu[0]～stu[4]，每个数组元素都是 struct Student 结构体类型的。

6.3.2 结构体数组的初始化

对结构体数组，可以进行初始化赋值。例如：

```
struct Student
{
    int    stu_ID;            //学号
    char   name[20];          //姓名
    float  score;             //成绩
}stu[3]={ {1001,"Li ping",45},{1002,"Zhao min",62.5},{1003,"He fen",92.5}};
```

结构体数组 stu 在内存中的存储形式如图 6-3 所示。与普通数组一样，数组名 stu 代表该数组的首地址，也是首元素 stu[0] 的起始地址；“stu+1”表示元素 stu[1] 的起始地址；“stu+2”表示元素 stu[2] 的起始地址。

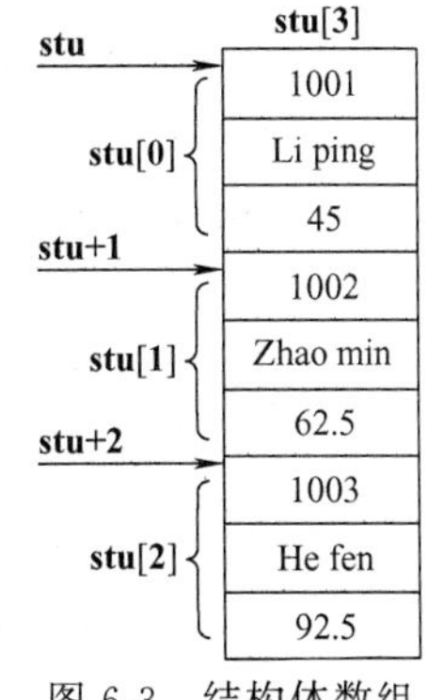

图 6-3 结构体数组的存储形式

6.3.3 结构体数组的应用

【例 6.2】 计算学生的平均成绩，并统计不及格的人数。

```
#include <stdio.h>
struct Student
{
    int    stu_ID;            //学号
    char   name[20];          //姓名
    float  score;             //成绩
```

```
}stu [5]={  {1001,"Li ping",45},{1002,"Zhao min",62.5}, {1003,"He fen",92.5},
            {1004,"Chen lin",87},{1005,"Wan min",58}
         };
void main()
{
    int i,count=0;
    float ave,sum=0;
    for(i=0;i<5;i++)
    {
        sum=sum+stu[i].score;
        if(stu[i].score<60)   count++;  //统计不及格人数
    }
    ave=sum/5;          //计算平均分
    printf("平均分:%.1f\n",ave);          //输出数据保留1位小数
    printf("不及格人数:%d\n",count);
}
```

运行结果：

```
平均分: 69.0
不及格人数: 2
```

【例 6.3】 建立同学通讯录。

```
#include <stdio.h>
#define  NUM  3
struct  Message         //声明结构体类型
{
    char name[20];      //姓名
    char phone[15];     //电话
};
void main( )
{
    struct Message stu[NUM];      //定义结构体数组
    int i;
    for(i=0;i<NUM;i++)            //对结构体数组元素进行赋值
    {
        printf("请输入姓名:");
        gets(stu[i].name);
        printf("请输入手机号码:");
        gets(stu[i].phone);
    }
    printf("\n");
```

```
    printf("姓名\t\t\t电话\n\n");
    for(i=0;i<NUM;i++)
        printf("%-20s%s\n",stu[i].name,stu[i].phone);
}
```

运行情况：

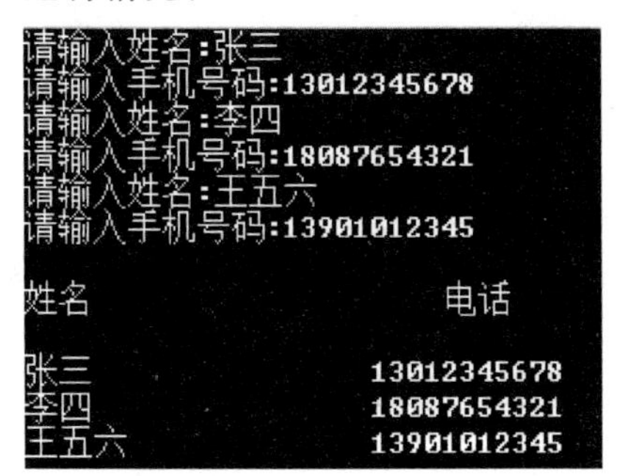

本程序中声明了一个结构体类型 struct Message，它有两个成员 name 和 phone，用来表示姓名和电话号码。在主函数中定义 stu 为具有 struct Message 类型的结构体数组，在 for 语句中，用 gets 函数分别输入各个元素的两个成员的值，最后在 for 语句中用 printf 函数输出各元素的两个成员值。

6.4　结构体指针

结构体指针是用来指向结构体数据（结构体变量或结构体数组元素）的指针，一个结构体数据的**"起始地址"**就是这个结构体数据的指针。若把一个结构体数据的起始地址赋给一个指针变量，则该指针变量就指向这个结构体数据。

6.4.1　指向结构体变量的指针

定义结构体指针变量的一般形式为：　**struct 结构体名　* 结构体指针变量名**

如前声明了 struct Student 结构体类型，若要定义一个指向 struct Student 类型的指针变量 pstu，可写为：　struct Student　* pstu;

定义结构体指针变量 pstu 后，pstu 就可以用来指向 struct Student 类型的变量或数组元素。当然也可在声明 struct Student 结构体类型的同时，定义结构体指针变量 pstu。

若结构体指针变量指向了一结构体数据，则可以利用该指针变量访问结构体数据中的各个成员，其访问形式有两种：①（* **结构体指针变量名）. 成员名；②结构体指针变量名－>成员名**。例如：　(* pstu).name　　或者　　pstu－>name

说明：

1）应该注意（* pstu）两侧的括号不可少，因为成员符"."的优先级高于"*"。

2）"－>"代表一个箭头，是指向运算符。

【例 6.4】　通过 3 种方式访问结构体变量中的成员。

```
#include <stdio.h>
```

```
struct Student              //声明结构体类型
{
    int    stu_ID;          //学号
    char   name[20];        //姓名
    float score;            //成绩
};
void main( )
{
    struct Student stu1={1002,"张三强",78.5};  //定义结构体变量 stu1 并赋值
    struct Student * pstu= &stu1;        //定义结构体指针变量 pstu，并指向变量 stu1
    printf("学号   姓名   成绩\n");
    printf("%d   %s   %.1f\n",stu1.stu_ID,stu1.name,stu1.score);
    printf("%d   %s   %.1f\n",( * pstu).stu_ID,( * pstu).name,( * pstu).score);
    printf("%d   %s   %.1f\n",pstu->stu_ID,pstu->name,pstu->score);
}
```

该程序中，结构体指针变量 pstu 指向结构体变量 stu1，如图 6-4 所示。

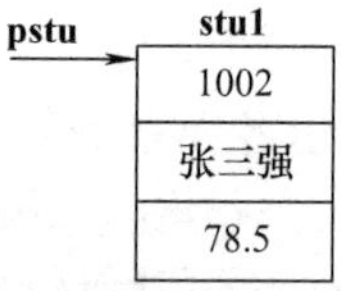

pstu → stu1

stu1
1002
张三强
78.5

图 6-4　指向结构体变量的指针

运行结果：

```
学号   姓名   成绩
1002  张三强  78.5
1002  张三强  78.5
1002  张三强  78.5
```

可见，若结构体指针变量 p 指向了一结构体数据（结构体变量或结构体数组元素），则访问结构体数据的成员时，有 3 种形式：**①结构体变量名.成员名 或 结构体数组元素名.成员名；②（* 结构体指针变量名）.成员名；③结构体指针变量名->成员名。**

6.4.2　指向结构体数组的指针

当结构体指针变量指向结构体数组中的某个元素时，结构体指针变量的值是该结构体数组元素的起始地址。下面通过例 6.5 领会指向结构体数组的指针变量的使用方法。

【例 6.5】 用结构体指针变量输出结构体数组。

```
#include <stdio.h>
struct Student          //声明结构体类型
{
    int    stu_ID;              //学号
    char   name[20];            //姓名
    float   score;              //成绩
};
void main( )
{
    struct Student stu[3]={  {1001,"Li ping",45},{1002,"Zhao min",62.5},
```

```
                    {1003,"He fen",92.5}
                  };      //定义结构体数组，并赋初值
    struct Student * ps;          //定义结构体指针变量
    printf("学号\t 姓名\t\t  成绩\t\n");
    for(ps=stu;ps<stu+3;ps++)
        printf("%-6d%-20s%.1f\t\n",ps-> stu_ID,ps->name,ps->score);
}
```

运行结果：

```
学号    姓名            成绩
1001  Li ping         45.0
1002  Zhao min        62.5
1003  He fen          92.5
```

该程序执行 for 循环中的“ps=stu;”语句后，ps 指向数组 stu 的首元素 stu[0]，如图 6-5所示。执行 ps++后，ps 指向数组元素 stu[1]；再次执行 ps++后，ps 指向数组元素 stu[2]。通过 3 次循环，依次输出数组 stu 各元素的数据。

需要注意，一个结构体指针变量虽然可以用来访问结构体变量或结构体数组元素的成员，但不能使它指向一个成员，也就是说不允许取一个成员的地址赋予结构体指针变量。因此，赋值语句“ps=&stu[1].sex;”是错误的，而“ps=stu;”或“ps=&stu[0];”是正确的，都表示将结构体数组 stu 的首地址赋给指针变量 ps。

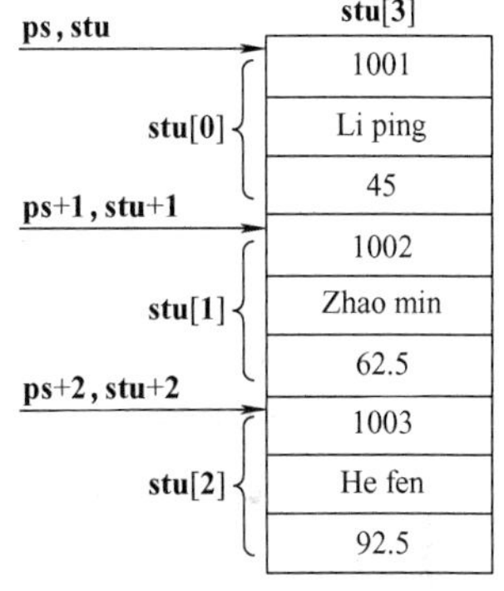

图 6-5　指向结构体数组的指针变量

6.4.3　结构体指针变量作函数参数

将一个结构体数据（结构体变量或结构体数组元素）传递给另一个函数时，可以采用结构体数据作函数参数进行整体“值传递”的方式，显而易见，若结构体数据的规模很大时，则在函数参数传递时，时间和空间上的开销将很大。为解决这一问题，自然会想到**采用“地址传递”的方式：用指向结构体数据的指针变量作函数参数，将结构体数据的起始地址传递给形参，这样会大大提高程序执行效率。**

【例 6.6】 计算一组学生的平均成绩和不及格人数，要求用结构体指针变量作函数参数编程。参考程序如下：

```
#include <stdio.h>
struct Student              //声明结构体类型
{
    int   stu_ID;           //学号
    char  name[20];         //姓名
    float  score;           //成绩
};
void ave(struct Student * ps,int n);        //函数声明
void main( )
```

```
{
    struct Student stu[5]={  {101,"Li ping",45},{102,"Zhang ping",62.5},
                             {103,"He fang",92.5},{104,"Cheng ling",87},
                             {105,"Wang ming",58}
                          };
    struct Student * pstu=stu;    //定义结构体指针变量，并指向数组stu首地址
    ave(pstu,5);                  //调用ave函数，实参：结构体指针变量pstu、数值5
}
void ave(struct Student * ps,int n)    //形参：结构体指针变量ps、变量n
{
    int count=0,i;
    float ave,sum=0;
    for(i=0;i<n;i++,ps++)
    {
        sum=sum+ps->score;
        if(ps->score<60)    count++;
    }
    ave=sum/5;
    printf("平均分:%.1f\n",ave);
    printf("不及格人数:%d\n",count);
}
```

运行结果：

```
平均分: 69.0
不及格人数: 2
```

6.5 共用体类型

6.5.1 共用体类型的概念

有时需要通过“分时复用内存”的方式，将多个不同类型的变量存放到同一段内存单元中。例如，如图6-6所示，将字符型变量c、短整型变量i、基本整型变量j放在同一地址2000开始的内存单元中。这种使多个不同的变量共用一段内存的结构，称为“共用体”或“联合体”。

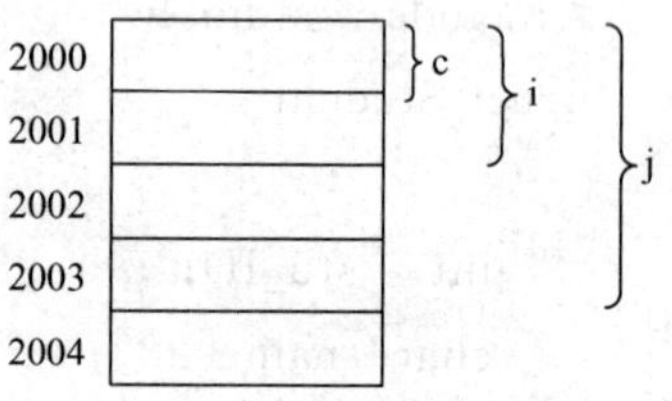

图6-6 共用体类型示意图

声明一个共用体类型的一般形式如下：

union 共用体名

{

成员列表

};

例如，可将图 6-6 所示的共用体类型声明如下：

```
union UData
{
    char c;           //成员 c
    short i;          //成员 i
    int   j;          //成员 j
};
```

6.5.2　共用体类型的变量

与其他变量一样，共用体类型的变量要先定义后使用。

1. 定义共用体变量的方法

与结构体变量类似，定义共用体变量有以下 3 种方法。

（1）先声明共用体类型，再定义共用体变量

```
union UData
{   char c;
    short i;
    int   j;
};
union UData d1,d2,d3;   //定义共用体类型 union UData 的 3 个变量 d1、d2、d3
```

（2）在声明共用体类型的同时定义共用体变量

```
union UData
{   char c;
    short i;
    int   j;
}d1,d2,d3;
```

（3）不指定共用体名而直接定义共用体变量

```
union
{   char c;
    short i;
    int   j;
}d1,d2,d3;
```

2. 共用体变量的引用方法

在定义共用体变量以后，便可引用该变量。在 ANSI C 中除了允许具有相同类型的共用体变量相互赋值以外，一般对共用体变量的输入、输出及各种运算都是通过共用体变量的成员来实现的。

引用共用体变量成员的一般形式为：　　**共用体变量名．成员名**

例如，前面定义了 d1 为共用体变量，则 d1. c、d1. i、d1. j 分别表示引用共用体变量 d1 的 3 个成员。

3. 结构体与共用体的比较

由上可见，“共用体”和“结构体”的声明、定义变量的形式、变量的引用方法相似，但其含义不同。

结构体变量中的所有成员是“共存”的，每个成员分别占用自己的内存单元，因此结构体变量所占的内存长度是各成员所占内存长度之和。

共用体变量中的各成员是“互斥”的，在任何时刻只能使用其中的一个成员。共用体变量所占的内存长度等于最长成员的长度，例如，上面定义的共用体变量 d1、d2、d3 各占 4 个字节（成员 j 占用内存的长度）。

共用体变量的地址和它的各成员的地址是同一地址，例如&d1 和&d1. i、&d1. c、&d1. j 相同。

4. 共用体变量的赋值

（1）共用体变量的初始化赋值　定义共用体变量时，可以对变量赋初值，但只能对变量的一个成员赋初值，而不能像结构体变量那样对变量的所有成员赋初值。例如：

```
union UData d1={ 'a'};                //'a'赋给变量 d1 的第 1 个成员 c
union UData d1={ 'a',12,345};         //错误，{ }中只能有一个值
union UData d1=  'a';                 //错误，初值必须用{ }括起来
```

（2）共用体变量在程序中赋值　定义了共用体变量以后，如果要对其赋值，则只能对其成员赋值，不可对其整体赋值。同类型的共用体变量可以相互赋值。例如：

```
union UData d1,d2,d[10];          //定义共用体类型的变量、数组
d1   ={ 'a',12,345};              //错误,不能对变量整体赋值
d1. i = 12;                       //正确,将 12 赋给 d1 的成员 i
d2=d1;                            //正确，同类型的共用体变量相互赋值
d[0]. c = 'a';                    //正确，将'a' 赋给 d[0]的成员 c
```

（3）共用体的存放顺序　共用体的所有成员都是从低地址开始存放的，对共用体变量中的某个成员赋值，会覆盖其他成员相应字节上的值，而使变量存储单元中的值被更新。例如执行以下赋值语句：

```
d1. i=0x12;
d1. j=0x345;
d1. c= 'a';
```

在完成以上 3 个赋值运算后，变量 d1 存储单元中的值是 0x361，请读者自行分析。

6. 5. 3　共用体的应用举例

【例 6. 7】 利用共用体类型测试 CPU 的大端、小端模式。

CPU 的大端模式，是指数据的低字节（尾巴）保存在内存的高地址中，高字节保存在

内存的低地址中；小端模式，是指数据的低字节（尾巴）保存在内存的低地址中，高字节保存在内存的高地址中。例如，数据 0x12345678（低字节为 0x78）在内存中的大端、小端存储模式如图 6-7 所示。

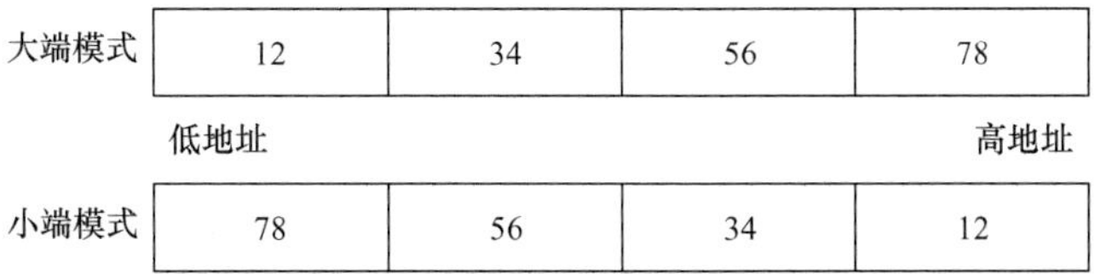

大端模式	12	34	56	78
	低地址			高地址
小端模式	78	56	34	12

图 6-7　CPU 大端、小端模式对比示意图

参考程序如下：

```
#include <stdio.h>
void main( )
{
    union   TestCPU
    {
        short i;
        char c[2];
    }test;              //定义共用体变量 test
    test.i = 0x0102;
    if(test.c[0]==1 && test.c[1] == 2)
            printf("大端模式\n");        //CPU 为大端模式
    else
        if(test.c[0] == 2 && test.c[1] == 1)
            printf("小端模式\n");        //CPU 为小端模式
        else
            printf("不确定\n");
}
```

数组的存放顺序是从低地址开始存放，即 c[0] 存放在低地址，c[1] 存放在高地址。对共用体变量 test 的成员 i 赋值后，通过测试变量 test 的高、低字节数据在内存中的地址关系，从而判断 CPU 的大、小端模式。

【例 6.8】 共用体在 51 单片机定时计数器中的应用。

在嵌入式系统中，有时需要对双字节数据的高、低字节进行分离的操作。例如，在 51 单片机定时计数器设置中，经常遇到 "TH=(65536-x)/256;　TL=(65536-x)%256;" 这样的操作，而除法和取余运算耗时长，如果在短时间内需要进行很多次这样的运算无疑会给 CPU 带来巨大的负担。其实进行这些操作时我们需要的仅仅是高、低字节的数据分离而已，因此可以考虑利用共用体来降低这部分开销。参考代码如下：

```
union Div
{
```

```
    unsigned short  i;    //i中存放要进行分离高、低字节的数据
    unsigned char a[2];
}test;
test.i=65536-x;          //i中存放定时计数器初值
TH0=test.a[0];           //在Keil C中，test.a[0]中存储高字节数据
TL0=test.a[1];           //test.a[1]中存储低字节数据
```

可见仅用一条减法指令就可实现除法、取余的操作，在进行高频率定时时尤为有用。

【例6.9】 设有一个教师与学生通用的表格，教师数据有姓名、年龄、职业、教研室4项，学生有姓名、年龄、职业、班级4项。编程输入人员数据，再以表格输出。

参考程序如下：

```
#include <stdio.h>
struct Student_Teacher        //声明结构体类型
{
    char  name[10];           //姓名
    int   age;                //年龄
    char  job;                //职业,s表示学生,t表示教师
    union  Class_Office       //定义共用体变量
    {
        int  Class;           //学生班级号
        char Office[20];      //教师教研室名
    }depart;
};
void main( )
{
    struct Student_Teacher  person[2];  //定义结构体数组
    int  i;
    for(i=0;i<2;i++)  //输入人员信息
    {
        printf("请输入姓名、年龄、职业(用空格隔开):");
        scanf("%s %d %c",person[i].name,&person[i].age,&person[i].job);
        if(person[i].job=='s')         //如果是学生，输入班级号
        {
            printf("请输入班级:");
            scanf("%d",&person[i].depart.Class);
        }
        else
            if(person[i].job=='t')   //如果是教师，输入教研室名
            {  printf("请输入教研室:");
               scanf("%s",person[i].depart.Office);
```

```
        }
        else   printf("输入有误！\n");
    }
    printf("\n 姓名\t 年龄\t 职业\t 班级/教研室\n");    //显示人员信息
    for(i=0;i<2;i++)
    {
        if(person[i].job=='s')            //输出学生信息
            printf("%s\t%3d\t%3c\t%d\n",person[i].name,person[i].age,
                    person[i].job,   person[i].depart.Class);
        else
            if(person[i].job=='t')        //输出教师信息
                printf("%s\t%3d\t%3c\t%s\n",person[i].name,person[i].age,
                    person[i].job,person[i].depart.Office);
    }
}
```

运行情况：

```
请输入姓名、年龄、职业（用空格隔开）：张三 36 t
请输入教研室:电子教研室
请输入姓名、年龄、职业（用空格隔开）：李思琪 21 s
请输入班级:151201

 姓名    年龄    职业    班级/教研室
张三      36       t      电子教研室
李思琪    21       s      151201
```

本例中，首先声明结构体类型，并在结构体类型中又定义了共用体变量，作为结构体的一个成员，使教师的教研室和学生的班级放在同一段内存中，从而节省了内存开支。

6.6　枚举类型

在实际应用中，如果一个变量只有几种可能的取值，例如一星期只有 7 天，那么该变量可定义为“枚举（enumeration）类型”。所谓“枚举”是指将变量的值一一列举出来，变量的值仅限于列举值的范围内。声明枚举类型用 enum 开头，例如：

enum Weekday{Sun,Mon,Tue,Wed,Thu,Fri,Sat}；

以上声明了 enum Weekday 枚举类型，花括号中的 Sun、Mon、…、Sat 称为枚举元素或枚举常量。需要注意的是，枚举常量之间是用逗号间隔，而不是分号。

声明枚举类型后，就可以用此类型定义枚举变量，例如：

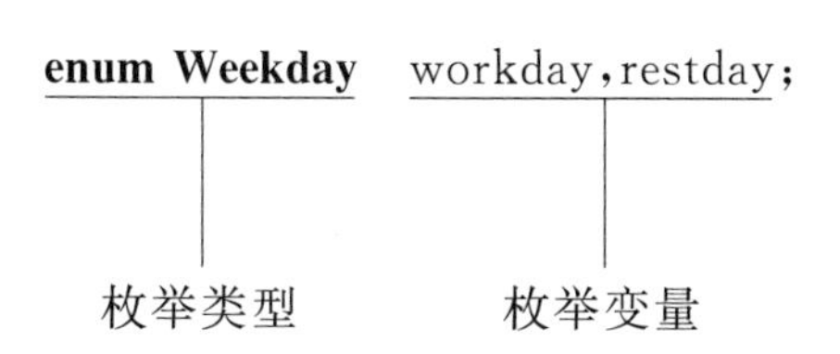

枚举变量只能取枚举声明中的某个枚举元素值，例如上面定义的枚举变量 workday 和 restday 只能是 7 天中的某一天，如： workday＝Mon； restday ＝Sat；

与结构体类似，也可以在声明枚举类型的同时，定义枚举变量，例如：

```
enum Weekday {Sun, Mon, Tue, Wed, Thu, Fri, Sat} workday, restday;
```

或

```
enum {Sun, Mon, Tue, Wed, Thu, Fri, Sat} workday, restday;
```

几点说明：

1）枚举元素表中的每一个枚举元素都代表一个整数，默认值依次为 0、1、2、3、…。如在上面的定义中，Sun 的值为 0，Mon 的值为 1，…，Sat 的值为 6。

如果在声明枚举类型时，人为地指定枚举元素的数值，例如：

```
enum Weekday {Sun=7, Mon=1, Tue, Wed, Thu, Fri, Sat};
```

则枚举元素 Sun 的值为 7，Mon 的值为 1，其后的元素按照顺序依次加 1，如 Fri 为 5。

2）只能把枚举元素赋予枚举变量，但不能把元素的数值直接赋予枚举变量。例如：

```
workday=Mon;        //正确
workday=1;          //错误
```

如确实需要把数值赋予枚举变量，则必须要用强制类型转换：

```
workday=(enum Weekday)1;
```

该语句表示，将序号为 1 的枚举元素赋给 workday，相当于 workday＝Mon；

3）枚举元素是常量，不是变量，因此不能在程序中再对它赋值。例如：

```
enum Weekday{Sun,Mon,Tue,Wed,Thu,Fri,Sat}workday;      //定义枚举变量
Sun=7;            //错误
```

【例 6.10】 利用 51 单片机监测开关的状态，控制 LED 灯的亮灭，电路如图 6-8 所示，如果开关闭合，LED 灯亮；如果开关打开，LED 灯灭。

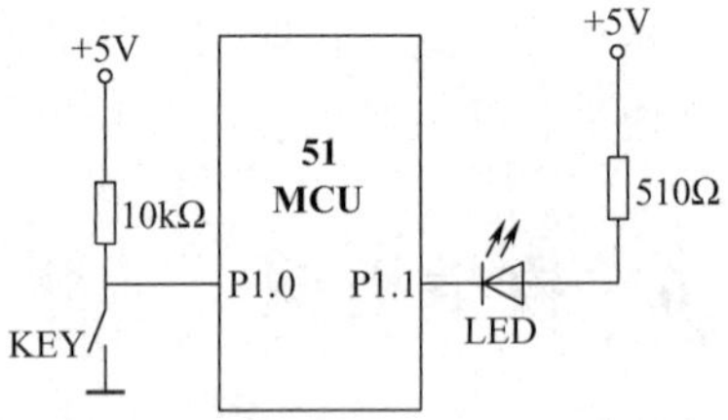

参考程序如下：

```
#include <reg52.h>      //包含寄存器头文件
sbit KEY=P1^0;          //定义位变量
sbit LED=P1^1;          //定义位变量
void main( )
{
    enum{CLOSE,OPEN}key;   //定义枚举变量
    while(1)
    {
        key=KEY;                          //读取开关的状态
        if(key==OPEN)       LED=1;        //开关打开，LED 灭
        else                LED=0;        //开关闭合，LED 亮
    }
}
```

图 6-8 单片机监测开关状态电路

本例中，定义了枚举类型的开关变量 key，通过读取开关的状态，控制 LED 灯的亮灭。可见，利用枚举类型较为直观。

6.7 用 typedef 声明新类型名

除了可以直接使用 C 语言提供的基本类型名（如 int、char、float、double、long 等）和用户自己声明的结构体、共用体、枚举类型外，还可以用 typedef 声明新的类型名来替代已有的类型名。

1. 用“简单且见名知意”的新类型名替代已有的类型名

（1）替代基本类型

```
typedef  char           int_8;              //用 int_8 代表有符号 8 位整型
typedef  short int      int_16;             //用 int_16 代表有符号 16 位整型
typedef  long int       int_32;             //用 int_32 代表有符号 32 位整型
typedef  unsigned char        uint_8;       //用 uint_8 代表无符号 8 位整型
typedef  unsigned short int   uint_16;      //用 uint_16 代表无符号 16 位整型
typedef  unsigned long int    uint_32;      //用 uint_32 代表无符号 32 位整型
typedef  volatile int_8       vint_8;       //用 vint_8 代表不优化有符号 8 位整型
typedef  volatile int_16      vint_16;      //用 vint_16 代表不优化有符号 16 位整型
typedef  volatile int_32      vint_32;      //用 vint_32 代表不优化有符号 32 位整型
typedef  volatile uint_8      vuint_8;      //用 vuint_8 代表不优化无符号 8 位整型
typedef  volatile uint_16     vuint_16;     //用 vuint_16 代表不优化无符号 16 位整型
typedef  volatile uint_32     vuint_32;     //用 vuint_32 代表不优化无符号 32 位整型
```

经过上述声明后，就可用新的类型名定义变量，如：

```
int_8    i;       //定义有符号 8 位整型变量 i
uint_16  j;       //定义无符号 16 位整型变量 j
```

使用 typedef 有利于程序的通用与移植。例如，int 型数据在不同的计算机系统可能占用 2 字节或 4 字节，如果将一个 C 语言程序从一个以 4 字节存放 int 型数据的计算机系统移植到以 2 字节存放 int 型数据的计算机系统，就需要将程序中定义 int 型变量中的每个 int 改为 long，比如将“int i，j，k;”改为“long i，j，k;”。如果程序中有多处用 int 定义变量，则需要改动多处，比较麻烦。而在 C 语言程序中可以用 int _ 32 来代替 int：typedef int int _ 32;

然后用 int _ 32 定义整型数据，例如：

```
int_32  i,j,k;
int_32  a[10],b[20];
```

这样，在程序移植时，只需改动 typedef 定义即可：typedef long int _ 32;

（2）替代结构体类型

```
typedef struct
{   int month;
    int day;
    int year;
}Date, * Date_Ptr;
```

以上声明Date为结构体类型名，同时声明Date_Ptr为指向该结构体的指针类型名。

```
Date birthday;          //定义结构体变量birthday
Date *p1;               //定义结构体指针变量p1,指向此结构体类型的数据
Date_Ptr  p2;           //定义结构体指针变量p2,指向此结构体类型的数据
```

（3）替代数组类型

```
typedef int Num[100];  //声明Num为整型数组类型
Num a;                 //定义a为整型数组名,它包含100个元素
```

（4）替代指针类型

```
typedef char * String;  //声明String为字符指针类型
String  p,s[10];        //定义p为字符指针变量,s为字符指针数组
```

（5）替代指向函数的指针类型

```
typedef int (*Ptr)();  //声明Ptr为指向函数的指针类型,该函数返回整型值
Ptr  p1,p2;            //定义指向函数的指针变量p1、p2
```

2. 几点说明

1）用typedef声明一个新的类型名的方法与步骤如表6-1所示。

表6-1 用typedef声明一个新的类型名的方法与步骤

方法与步骤	举例	
① 先按定义变量的方法写出定义体	short int i;	int a[100];
② 将变量名换成新的类型名	short int int_16;	int Num[100];
③ 在最前面加上typedef	typedef short int int_16;	typedef int Num[100];
④ 然后就可以用新类型名定义变量	int_16 i;	Num a;

2）用typedef只是对已经存在的类型指定一个新的类型名，而没有创造新的类型。

3）typedef与#define在表面上很相似，例如：

```
#define  int_16  short int 和 typedef short int  int_16;
```

表面上，它们的作用都是用int_16代表short int。但事实上，它们是不同的：#define是在预编译时处理的，它只能做简单的字符串替换；而typedef是在编译阶段处理的，并且它不是做简单的字符串替换。例如前面所述的：

```
typedef  short int  int_16;
int_16 i;
```

并不是用“int_16”简单代替“short int”，而是首先生成一个新的类型名“int_16”，然后用它去定义变量。

4）当在不同源文件中用到同一类型数据（尤其是数组、指针、结构体、共用体等类型数据）时，常用typedef声明一些数据类型。可以把所有的typedef声明单独放在一个头文件中，然后在需要用到它们的文件中用#include命令把它们包含进来，以便提高编程效率。

6.8　链表及其操作

6.8.1　链表概述

大家知道，用数组存放数据时，系统会为数组分配一片连续的存储空间，因此，对数组元素的访问非常方便，只要指定其下标即可实现随机访问，而不必顺序访问。但数组也存在以下缺点：

1）向数组中插入或删除一个元素时，该元素后的所有元素都要向后或向前移动，即对数组元素的插入或删除操作不方便，效率较低。

2）用数组存放数据时，必须事先确定数组长度，以便系统预先分配空间（静态分配）。当待处理的数据个数不确定时，很难确定合适的数组长度，空间过大会造成内存浪费，空间过小会造成不够用。

链表作为一种新的数据结构，可以弥补数组存在的以上缺陷。链表在高级嵌入式系统，尤其在嵌入式实时操作系统应用和嵌入式网络通信软件设计中应用非常广泛，因此非常有必要掌握链表及其操作方法。

链表中的每个元素称为**节点**（node），一个链表由头指针和若干个节点组成，图 6-9 所示的是一种简单的**单向链表**结构。

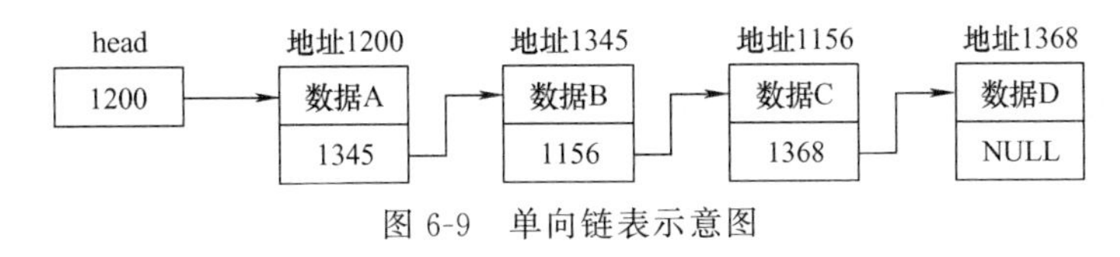

图 6-9　单向链表示意图

在链表中，每个节点由**数据域**（存放本节点的实际数据）和**指针域**（存放下一个节点的地址）两部分组成。头指针习惯上命名为 head，用于存放第 1 个节点的地址，即头指针 head 指向第 1 个节点，因此可通过头指针找到链表中的第 1 个节点，然后再通过第 1 个节点找到第 2 个节点，依次类推，直到找到最后一个节点（尾节点）。最后一个节点不指向任何节点，该节点的指针域存放 NULL（空地址）。

在单向链表中，人们其实并不关心每个节点实际的存储地址，而只注重各节点的逻辑关系，于是可以用更简单直观的图来表示单向链表，如图 6-10 所示。其中尾节点的指针域中的“^”符号表示空地址 NULL。

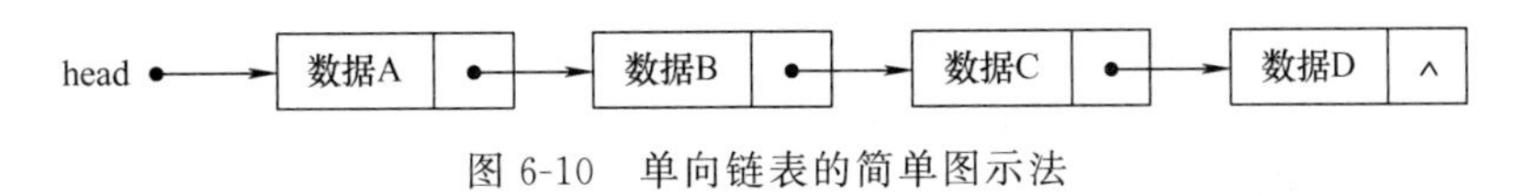

图 6-10　单向链表的简单图示法

可以设计一个结构体类型来描述节点的结构：

```
typedef char DataType;       //节点的数据域类型为 DataType，这里是 char 型
typedef struct Node          //声明结构体类型
{
```

```
        DataType data;        //节点的数据域（存放本节点的实际数据）
        struct Node * next;   //节点的指针域（存放下一个节点的地址）
    }L_Node;
```

对于实际的问题，描述节点的结构体类型中的数据域可以具体化，例如可用下面的结构体类型来描述图 6-11 所示的单向链表。

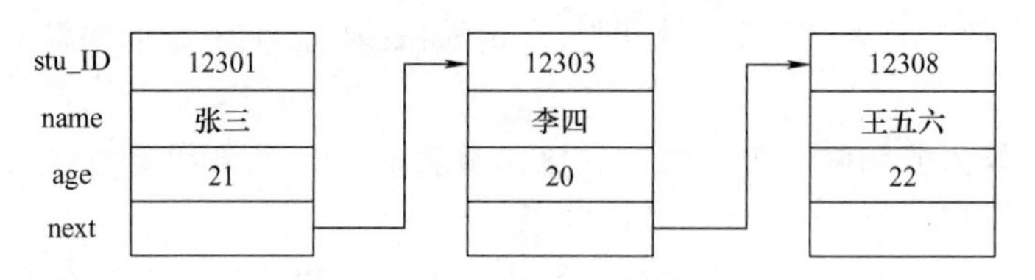

图 6-11　由 3 个学生节点组成的链表

```
typedef struct Node       //声明结构体类型
{
    int     stu_ID;             //学号
    char    name[10];           //姓名
    int     age;                //年龄
    struct  Node * next;        //节点的指针域（存放下一个节点的地址）
} Stu_Node;
```

该链表节点的数据域包含了学号（stu_ID）、姓名（name）、年龄（age）3 项信息，指针域（next）用于存放下一个节点的地址。

对链表，主要有建立、输出、查找、插入、删除等操作。为了便于链表的操作，常在链表中增加一个头节点（不存放数据）。例如带头节点的单向字符链表（a，b，c），如图 6-12 所示，其中包括 1 个头节点（0 号节点）和 3 个数据节点（1～3 号节点），第 1 个数据节点的地址被放在头节点的指针域中。

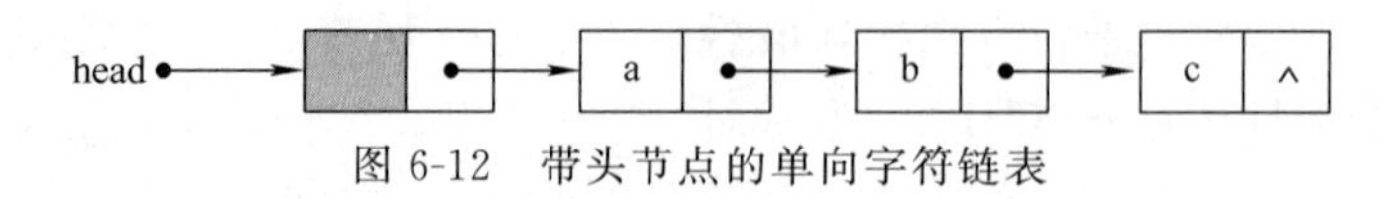

图 6-12　带头节点的单向字符链表

6.8.2　链表的建立

所谓建立链表，是指在程序执行过程中从无到有地建立一个链表，即一个一个地开辟节点和输入各节点的数据，并建立起前后相链接的关系。

现以图 6-12 所示的字符链表（a，b，c）为例，介绍两种建立单向链表的方法。

1. 头插法建立单向链表

头插法是按节点的逆序方法逐渐将节点插入到链表的头部。用头插法建立链表（a，b，c）的过程如图 6-13 所示，首先插入最后一个字符 c，然后插入字符 b，最后插入第一个字符 a。

从图 6-13 中可以看出，用头插法建立链表的过程特点：开始链表头节点的指针域为空；然后头节点的指针域始终指向新增数据节点，新增节点的指针域值为原链表头节点的指针域值。

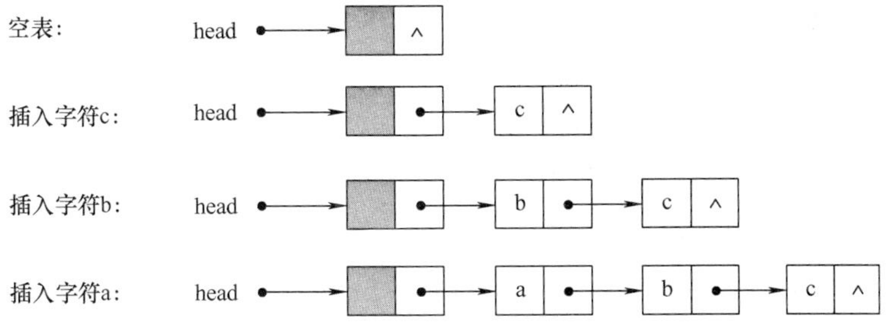

图 6-13　用头插法建立单向链表的过程

插入字符 a 的详细过程如图 6-14 所示，首先分配待插入节点的空间，然后给其数据域赋值（字符 a）及指针域赋值（原链表头节点的指针域值），最后更新头节点的指针域，使其指向新增节点，实现新增节点插入原链表的头部。

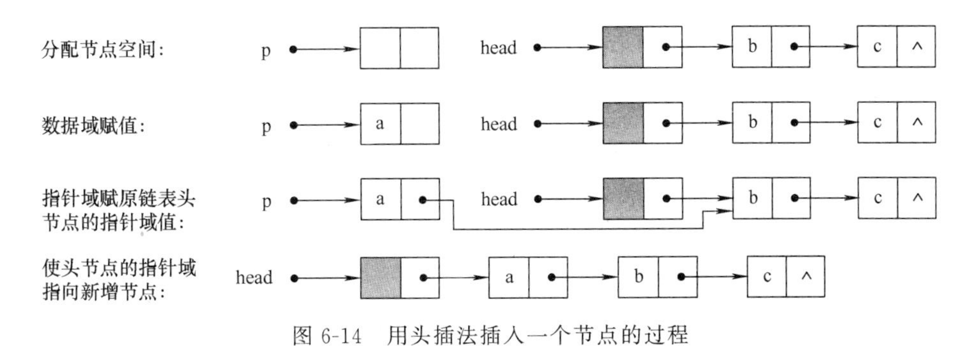

图 6-14　用头插法插入一个节点的过程

根据上述分析，用头插法建立带头节点的单向链表的算法流程如图 6-15 所示。

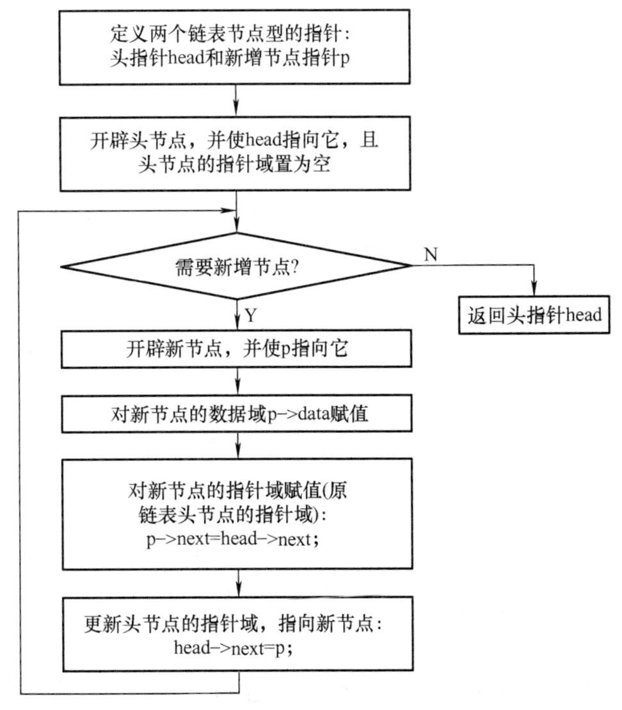

图 6-15　用头插法建立带头节点的单向链表的流程图

根据上述算法流程，用头插法建立带头节点的单向链表程序设计如下：

```
//函数名称:CreatList_1
//函数功能:用头插法建立带头节点的单向链表
//函数参数:无
//函数返回:链表的头指针
//函数说明:无
L_Node  * CreatList_1( )
{
    char ch;                              //定义字符变量
    L_Node  * head, * p;                  //定义链表节点型的指针变量
    head=(L_Node * )malloc(sizeof(L_Node));   //申请空间，建立头节点
    head->next=NULL;                      //将头节点的指针域置为空
    printf("请输入链表中各节点的数据(字符,以#结束):");
    while((ch=getchar( ))! = '#')
    {  //从键盘输入字符,开辟一个个节点，当输入#时,结束
        p=(L_Node * )malloc(sizeof(L_Node));  //申请空间，建立新节点
        p->data=ch;                       //给新节点的数据域赋值
        p->next=head->next;               //给新节点的指针域赋值
        head->next=p;                     //更新链表头节点的指针域，使其指向新增节点
    }
    return   (head);          //返回链表的头指针
}
```

本程序中，需要开辟新节点时，使用 malloc 函数动态分配内存空间，由于 malloc 函数返回 void *类型的指针，因此需要对其进行强制类型转换，转换为指向链表节点型的指针。

2. 尾插法建立单向链表

尾插法是按节点的顺序逐渐将节点插入到链表的尾部。用尾插法建立链表（a, b, c）的过程如图 6-16 所示，首先插入第 1 个字符 a，然后插入第 2 个字符 b，最后插入第 3 个字符 c。

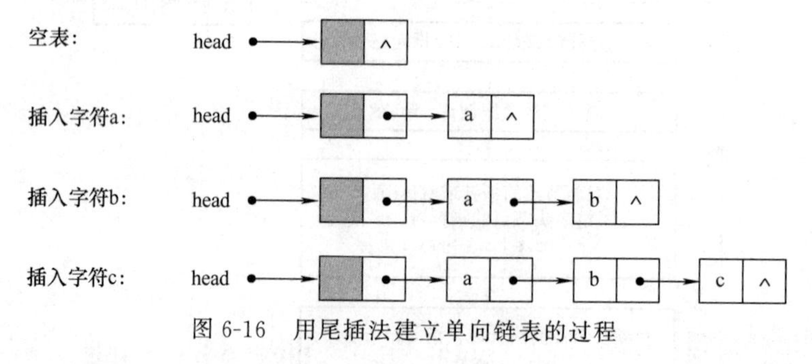

图 6-16 用尾插法建立单向链表的过程

从图 6-16 中可以看出，用尾插法建立链表的过程特点是：开始链表头节点的指针域为空；然后头节点的指针域始终指向第 1 个数据节点，新增节点链接到原链表的尾部。可见，

为了实现尾插法建立链表，需要设定 3 个链表节点型的指针：头指针 head、新增节点指针 p、尾节点指针 e。

插入字符 c 的详细过程如图 6-17 所示，首先申请分配待插入节点的空间，给数据域赋值（字符 c），将新增节点链接到原链表的尾部（使原链表中尾节点的指针域指向新节点），然后更新尾节点指针的指向，使尾节点指针指向新节点，最后使链表中的新尾节点的指针域置空。

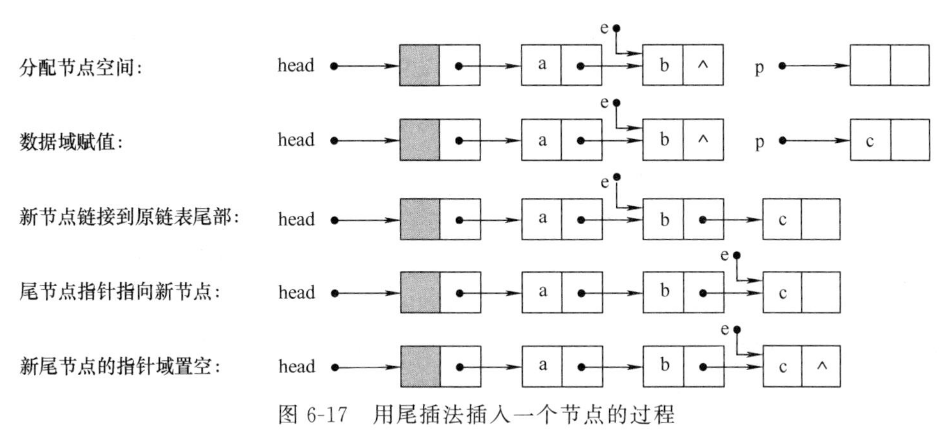

图 6-17 用尾插法插入一个节点的过程

根据上述分析，用尾插法建立带头节点的单向链表的算法流程如图 6-18 所示。

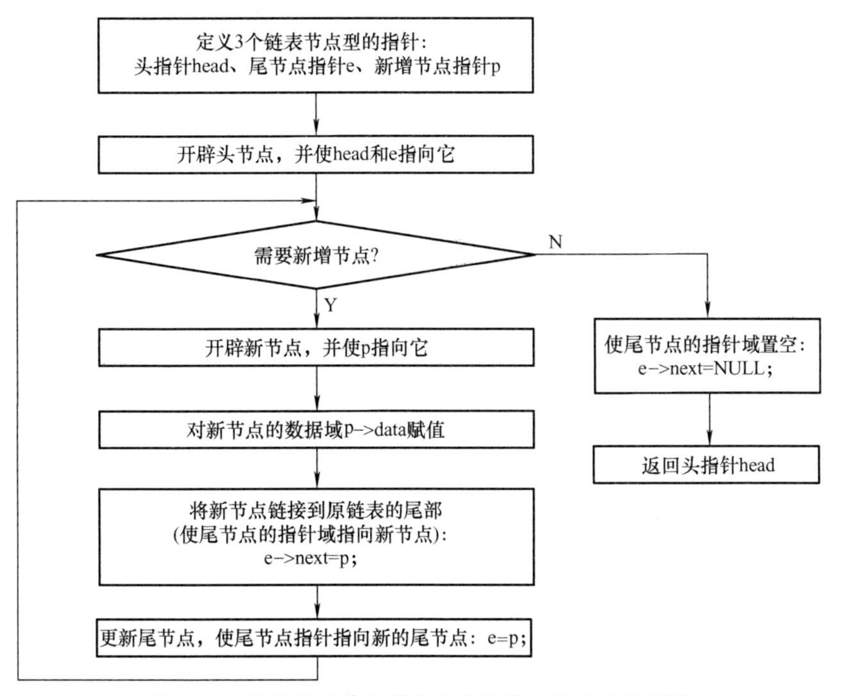

图 6-18 用尾插法建立带头节点的单向链表的流程图

根据上述算法流程，用尾插法建立带头节点的单向链表程序设计如下：

```
//函数名称：CreatList_2
//函数功能：用尾插法建立带头节点的单向链表
```

```
//函数参数：无
//函数返回：链表的头指针
//函数说明：无
L_Node  * CreatList _2( )
{
    char ch;                              //定义字符变量
    L_Node  * head, * p, * e;             //定义链表节点型的指针变量
    head=(L_Node * ) malloc(sizeof(L_Node)); //建立头节点
    e=head;                               //e开始时指向头节点，以后指向尾节点
    printf("请输入链表中各节点的数据(字符,以#结束):");
    while((ch=getchar( ))!='#')
    {  //从键盘输入字符，开辟一个个节点，当输入#时，结束
        p=(L_Node * ) malloc(sizeof(L_Node));    //建立新节点
        p->data=ch;                       //给新节点的数据域赋值
        e->next=p;                        //新节点插入链表尾部
        e=p;                              //更新尾节点，使尾节点指针指向新节点
    }
    e->next=NULL;                         //将尾节点的指针域置空
    return   (head);                      //返回链表的头指针
}
```

6.8.3 链表的输出

建立链表后，可将链表中各节点的数据依次输出。现以带头节点的字符链表为例，参考程序如下：

```
//函数名称：OutputList
//函数功能：依次输出单向链表中各节点的数据
//函数参数：链表的头指针
//函数返回：无
//函数说明：无
void OutputList(L_Node * head)
{
    L_Node * p;            //定义链表节点型指针变量
    p=head->next;          //从第1个节点开始输出
    while(p! =NULL)        //判断p是否指向空
    {
        printf("%c",p->data);   //将节点的数据输出
        p=p->next;              //p指向下一个节点
```

```
    }
    printf("\n");
}
```

6.8.4 链表的查找

1. 按序号查找

在链表中，如果知道节点的序号，并不能像数组那样直接通过序号访问到节点，而必须从链表的头节点开始，逐个节点进行搜索，直到搜索到指定序号节点为止。如果指定的节点序号非法（序号小于 0 或序号大于数据节点数），则查找失败，需要返回 NULL。如图 6-19 所示的链表，包含一个头节点（0 号节点）和 4 个数据节点（1～4 号节点）。

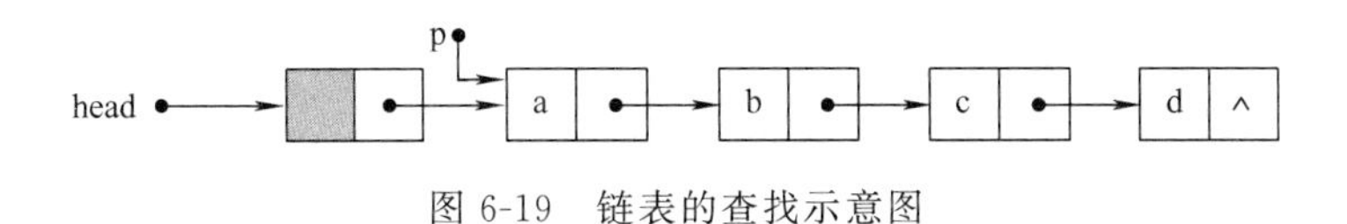

图 6-19　链表的查找示意图

按序号查找节点的参考程序如下：

```
//函数名称：FindNode_1
//函数功能：按序号查找链表中的节点
//函数参数：链表的头指针 head、待查找节点的序号 i
//函数返回：查找成功，返回待查找节点的地址；否则，返回 NULL
//函数说明：无
L_Node * FindNode_1( L_Node * head,int i)
{
    L_Node * p=head;                    //从头节点开始扫描
    int j=0;                            //j 记录已扫描的数据节点个数
    while(p->next!=NULL&&j<i)           //逐个扫描，搜索节点
    {
        p=p->next;          //移动到下一个节点
        j++;                //扫描计数器加 1
    }
    if(j==i)   return    (p);          //节点被找到，返回节点的地址
    else       return    (NULL);       //节点未找到，返回 NULL
}
```

程序分析如下：

当待查找节点的序号合法时，有两种情况：

1）i=0，搜索不进行，返回 p 的初始值，即头指针 head。

2）0<i≤数据节点数，执行 while 循环，进行逐个搜索，直到计数器 j 等于 i 时，搜索结束，返回节点的地址，因此 while 循环的条件之一是“j<i”。

当查找节点的序号 i 非法时，有两种情况：

1）i<0，搜索不进行，返回NULL。

2）i>数据节点数，搜索到最后一个节点时，指针p－>next指向空，不能再继续搜索，因此while循环的条件之二是“p－>next！=NULL”。

2. 按值查找

按值查找是在链表中查找给定节点值的节点存储地址。查找过程也是从链表的第1个节点开始，逐个节点进行搜索，直到搜索到指定节点值为止。在搜索过程中，如果找到指定节点，则返回指定节点的地址；当扫描到最后一个节点，仍找不到指定节点值时，则返回NULL。

按值查找节点的参考程序如下：

```
//函数名称：FindNode_2
//函数功能：按值查找链表中的节点
//函数参数：链表的头指针head、待查找节点的值x、记录节点序号的指针变量pi
//函数返回：查找成功，返回待查找节点的地址和序号；否则，返回NULL
//函数说明：无
L_Node * FindNode_2( L_Node *head, DataType x, int *pi)
{
    L_Node *p=head->next;                    //从第1个节点开始扫描
    *pi=1;                                   //记录节点序号
    while(p!=NULL && p->data!=x )            //逐个扫描,搜索节点
    {
        p=p->next;
        (*pi)++;  //节点序号加1
    }
    return    (p);
}
```

在搜索过程中，如果找到指定节点，p就是指定节点的地址；当扫描到最后一个节点，仍找不到指定节点时，p指向NULL，因此函数的返回值是p。

函数参数中的第3个参数pi，是指向节点序号的指针变量，可用于返回已找到节点的序号，其原理可参考5.2.3节“指针变量作为函数参数”加以理解。

【思考】 能否将程序中的“while(p!=NULL && p－>data!=x)”改为“while(p－>data!=x&&p!=NULL)”？请上机运行，查看运行结果并思考其原因。

6.8.5 链表的插入

在单向链表中进行插入操作时，必须给定插入位置和所要插入的节点值，插入位置可以直接给定，也可以通过满足某个条件（如节点值）确定插入位置。在此，主要介绍直接给定位置的插入算法。

以带头节点的字符链表为例，描述在第3个位置（第2个位置后）上插入给定节点值x的运算过程，如图6-20所示。

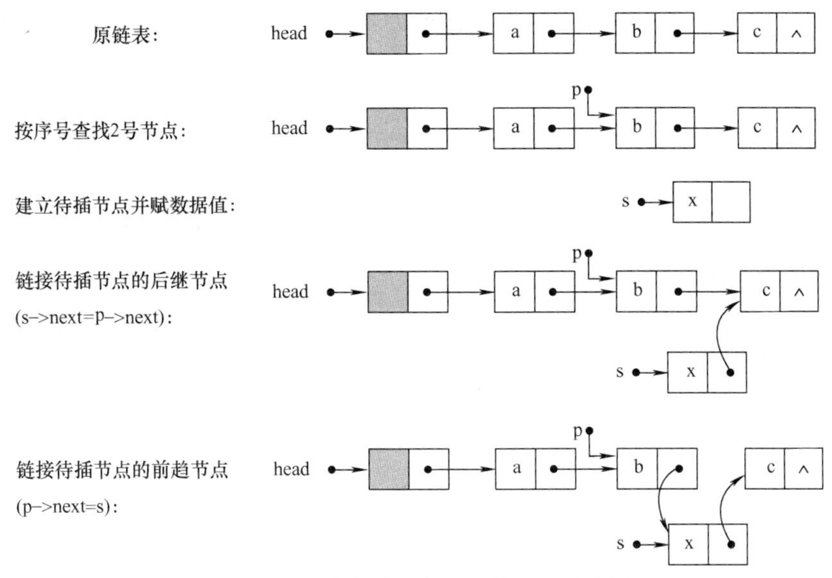

图 6-20　单向链表的插入运算过程示意图

根据上述分析，单向链表的插入程序设计如下：

```
//函数名称：ListInsert
//函数功能：将一个节点数据插入链表中
//函数参数：链表的头指针 head、插入位置 i、待插节点的值 x
//函数返回：插入成功,返回 1；否则，返回 0
//函数说明：调用 FindNode_1 函数
int ListInsert(L_Node * head,int i,DataType x)
{
    L_Node * p;                     //p 用于指向待插位置的前一个节点
    L_Node * s;                     //s 用于指向待插节点
    p=FindNode_1(head,i-1);         //调用节点查找函数，查找第 i-1 个节点
    if(p==NULL)return    (0);       //查找失败，返回 0
    s=(L_Node * )malloc(sizeof(L_Node));  //建立新节点
    s->data=x;                      //将待插数据放入新节点的数据域
    s->next=p->next;                //将待插节点链接其后继节点
    p->next=s;                      //将待插节点链接其前趋节点
    return    (1);                  //插入成功，返回 1
}
```

6.8.6　链表的删除

在单向链表中进行删除操作时，必须给定需要删除的节点的相关信息，该信息可以是节点的位置，也可以是通过满足某个条件（如节点值）确定删除的节点。在此介绍删除指定位置的节点运算。

以带头节点的字符链表为例，描述删除第 2 个节点（第 1 个位置后）的运算过程，如图 6-21所示。

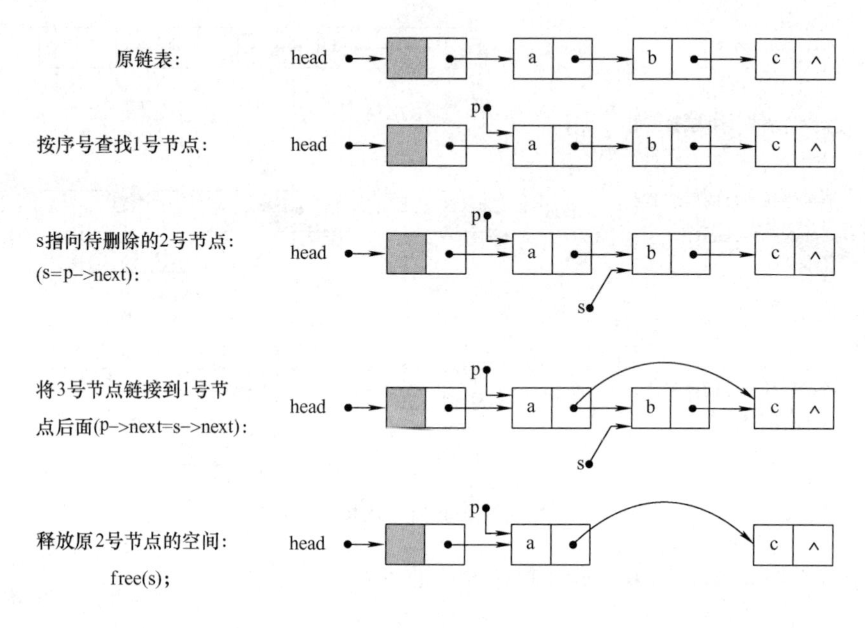

图 6-21　单向链表的删除运算过程示意图

根据上述分析，单向链表的删除程序设计如下：

```
//函数名称：ListDelete
//函数功能：将指定的节点从链表中删除
//函数参数：链表的头指针 head、待删除节点的位置 i
//函数返回：删除成功，返回 1；否则，返回 0
//函数说明：调用 FindNode_1 函数
int ListDelete(L_Node * head,int i)
{
    L_Node * p;                   //p 用于指向待删除节点位置的前一个节点
    L_Node * s;                   //s 用于指向待删除的节点
    p=FindNode_1(head,i-1);       //调用节点查找函数，查找第 i-1 个节点
    if(p==NULL||p->next==NULL)    //未找到第 i-1 个节点或第 i 个节点不存在
        return    (0);            //删除失败，返回 0
    s=p->next;                    //s 指向待删除节点
    p->next=s->next;              //将待删除节点的前趋节点和后继节点相链接
    free(s);                      //释放删除节点的空间
    return    (1);                //删除成功，返回 1
}
```

假设带头节点的链表中有 4 个数据节点，待删除节点的序号为 i，则：

1）若 1≤i≤4，则找到第 i-1 个节点后，可成功删除第 i 个节点。

2）若 i=5，尽管能找到第 4 个节点，但由于第 5 个节点不存在（执行节点查找函数后，p－＞next＝＝NULL），因此删除失败。

3）若 i≥6 或 i≤0，则无法找到第 i－1 个节点（执行节点查找函数后，p ＝＝NULL），因此删除失败。

【思考与总结】 链表的插入和删除操作在算法上有共同的特点：首先要查找待插入或删除节点的前一个节点，并用一指针 p 指向它；然后用另一指针 s 指向待插入或删除的节点；最后进行节点的插入或删除操作。插入或删除操作成功，返回 1，否则返回 0。

6.8.7 链表操作综合应用

现将链表的建立、输出、查找、插入、删除等操作综合应用于链表的处理。

【例 6.11】 要求：运行程序后，选择链表的操作功能号，实现对字符链表的相应操作。首先选择 1 建立单链表（字符＃作为输入结束标志），并输出链表；然后选择 2 或其他数字进行相应操作，最后选择 0 结束操作。参考程序如下：

```
#include <stdio.h>
#include <stdlib.h>
typedef char DataType;      //节点的数据域类型为 DataType，这里是 char 型
typedef struct Node         //声明结构体类型
{
    DataType data;          //节点的数据域（存放本节点的实际数据）
    struct Node * next;     //节点的指针域（存放下一个节点的地址）
}L_Node;
//===============函数声明======================
L_Node  * CreatList_2( );                                  //尾插法建立单向链表
void OutputList(L_Node * head);                            //输出链表
L_Node * FindNode_1( L_Node * head,int i);                 //按序号查找链表
L_Node * FindNode_2( L_Node * head,DataType x,int * pi);   //按值查找链表
int ListInsert(L_Node * head,int i,DataType x);            //链表插入
int ListDelete(L_Node * head,int i);                       //链表删除
//=====================================
//函数名称：Find_e
//函数功能：查找链表的尾节点
//函数参数：链表的头指针 head
//函数返回：尾节点的地址
//函数说明：无
//=====================================
L_Node * Find_e(L_Node * head)
{
    L_Node * p=head, * q=head;
    while(p->next! =NULL)      //查找尾节点
```

```
    {
        q=p;
        p=p->next;
    }  // 查找结束后，p指向尾节点，q指向尾节点的前一个节点
    q->next=NULL;  //链表尾节点的前一个节点指针域置空，使尾节点脱离原链表
    return  (p);      //返回链表尾节点指针
}
//===========================================
//函数名称：InvertList
//函数功能：将链表倒置
//函数参数：链表的头指针 head
//函数返回：倒置后的链表的头指针 newhead
//函数说明：调用查找链表的尾节点函数 Find_e
//===========================================
L_Node * InvertList(L_Node * head)
{
    L_Node * newhead, * p;      //定义新链表的头指针 newhead、尾节点指针 p
    L_Node * q;                 //q指向原链表的尾节点
    p=newhead=(L_Node * )malloc(sizeof(L_Node));     //开辟新链表头节点
    q=Find_e(head);      //查找原链表的尾节点
    while(q! =head)
    {
        p->next=q;       //将原链表的尾节点插入新链表的尾部
        p=q;             //更新新链表的尾节点
        q=Find_e(head);
    }
    p->next=NULL;      //将新链表尾节点的指针域置空
    free(head);        //释放原链表
    return  (newhead); //返回倒置后链表的头指针
}
//===========================================
//函数名称：OrderList
//函数功能：链表按节点值进行排序
//函数参数：链表的头指针 head
//函数返回：排序后的链表的头指针 newhead
//函数说明：无
//===========================================
L_Node * OrderList(L_Node * head)
{
```

```
    DataType max;           //定义变量存放节点最大值
    L_Node * p, * pm, * q;  //pm 指向最大值节点,q 指向最大值节点的前一个节点
    L_Node * newhead, * e;   //定义新链表的头指针 newhead、尾节点指针 e
    e=newhead=(L_Node * )malloc(sizeof(L_Node));      //开辟新链表头节点
    if(head->next==NULL)   return(head);  //若链表为空,返回链表头指针
    do
    {
        q=head;
        p=pm=head->next;
        max=pm->data;       //假定第一个节点值为最大值
        while(p->next! =NULL)
        {   if(p->next->data>max)
            {   max=p->next->data;   //更新最大值
                q=p;                 //q 指向最大值节点的前一个节点
                pm=p->next;          //pm 指向最大值节点
            }
            p=p->next;
        }
        q->next=pm->next;   //将最大值节点从原链表中去除
        e->next=pm;         //将最大值节点插入新链表尾部
        e=e->next;          //更新新链表尾节点
    }while(head->next! =NULL);
    free(head);             //释放原链表
    return   (newhead);     //返回排序后链表的头指针
}
//=====================================
//函数名称:主函数
//函数功能:首先选择 1 建立字符单链表(字符#作为输入结束标志),并输出链表,
//          然后选择 2 或其他数字进行相应操作,最后选择 0 结束操作
//=====================================
void main( )
{
    char   fun;             //用于功能选择
    int    i;               //用于记录节点的序号
    DataType   N_data;      //用于保存某节点的值
    L_Node   * p;           //指向链表的头部
    L_Node   * q;           //指向链表中某节点
    printf("\n 欢迎使用字符链表管理系统");
    printf("\n 1 尾插法建立字符链表");
```

```
printf("\n 2 按序号查找节点");
printf("\n 3 按值查找节点");
printf("\n 4 插入一个节点");
printf("\n 5 删除一个节点");
printf("\n 6 链表倒置");
printf("\n 7 链表排序");
printf("\n 0 退出\n");
while(1)
{
    printf("请选择:");
    scanf("%c",&fun);          //选择功能
    fflush(stdin);             //清除输入缓冲区
    switch(fun)
    {
        case '1':  p=CreatList_2( );    //尾插法建立链表
                   fflush(stdin);       //清除输入缓冲区
                   printf("链表为:");
                   OutputList(p);       //输出链表
                   break;
        case '2':  printf("请输入要查找节点的序号(数字):");
                   scanf("%d",&i);
                   fflush(stdin);       //清除输入缓冲区
                   q=FindNode_1(p,i);   //调用按序号查找节点函数
                   if(q==NULL)printf("输入序号有误,未查到\n");
                   else printf("第%d号节点的值:%c\n",i,q->data);
                   break;
        case '3':  printf("请输入要查找的节点值:");
                   scanf("%c",&N_data);
                   fflush(stdin);      //清除输入缓冲区
                   q=FindNode_2(p,N_data,&i);  //调用按值查找节点函数
                   if(q==NULL)printf("未查到该值的节点\n");
                   else printf("该值对应的节点号:%d\n",i);
                   break;
        case '4':  printf("请输入待插入节点的位置(数字):");
                   scanf("%d",&i);
                   fflush(stdin);      //清除输入缓冲区
                   printf("请输入待插入节点的值:");
                   scanf("%c",&N_data);
                   fflush(stdin);      //清除输入缓冲区
```

```
                    if(ListInsert(p,i,N_data))
                    {   printf("插入节点后的链表为:");
                        OutputList(p);
                    }
                    else printf("插入失败\n");
                    break;
            case '5':   printf("请输入删除节点的序号:");
                    scanf("%d",&i);
                    fflush(stdin);          //清除输入缓冲区
                    if(ListDelete(p,i))
                    {   printf("删除节点后的链表为:");
                        OutputList(p);
                    }
                    else printf("删除失败\n");
                    break;
            case '6':   printf("链表倒置后:");
                    q=InvertList(p);            //链表倒置
                    p=q;                        //p指向倒置后的链表头部
                    OutputList(p);              //输出倒置后的链表
                    break;
            case '7':   printf("链表排序后:");
                    q=OrderList(p);             //链表排序
                    p=q;                        //p指向排序后的链表头部
                    OutputList(p);              //输出倒置后的链表
                    break;
            case '0':   return;                 //退出程序
            default:    printf("输入有误! \n");  //提示重新选择
        }//switch
    }//while
}//main
```

程序说明：

1）本程序中所涉及的链表操作，可直接调用前面几节所介绍的函数：建立函数 CreatList _ 2( )、输出函数 OutputList( )、查找函数 FindNode _ 1( ) 和 FindNode _ 2( )、插入函数 ListInsert( )、删除函数 ListDelete( )。

2）链表倒置操作算法：新建链表，将原链表中的尾节点逐个插入到新链表的尾部，最后将原链表释放。

3）链表排序操作算法：新建链表，将原链表中最大值节点逐个插入到新链表的尾部，最后将原链表释放。

4）语句“fflush(stdin);”，用于清除输入缓冲区。在本程序中，主要用来清除调用

scanf 函数或 getchar 函数输入数据后的回车换行符，以免对后续操作产生影响。

5）本程序中对各个函数进行了注释和说明，旨在提高程序的可读性和规范性。

前已说明，链表及其操作在高级嵌入式系统，尤其在嵌入式实时操作系统和嵌入式网络通信软件设计中应用非常广泛。请感兴趣的读者进一步学习相关文献。

练　习　题

一、选择题

1. 声明一个结构体变量时系统分配给它的内存是（　　）。

A. 各成员所需要内存量的总和　　B. 结构体中第一个成员所需内存量

C. 成员中占内存量最大者所需的容量　　D. 结构中最后一个成员所需内存量

2. C 语言结构体变量在程序执行期间（　　）。

A. 所有成员一直驻留在内存中　　B. 只有一个成员驻留在内存中

C. 部分成员驻留在内存中　　D. 没有成员驻留在内存中

3. 在 VC++ 6.0 中，定义以下结构体类型的变量：

```
struct  student
{   char   name[10];
    int    score[20];
    float   average;
}stud1;
```

则 stud1 占用内存的字节数是（　　）。

A. 64　　B. 96　　C. 120　　D. 90

4. 若有声明语句“struct stu{ int a; float b;} s;”，则下面的叙述错误的是（　　）。

A. struct 是结构体类型的关键字　　B. struct　stu 是用户声明的结构体类型

C. s 是用户声明的结构体类型名　　D. a 和 b 都是结构体成员名

5. 如果有下面的定义和赋值，则使用（　　）不可以输出 n 中 data 的值。

```
struct  SNode
{   unsigned id;
    int data;
}n, *p;
p=&n;
```

A. p.data　　B. n.data　　C. p->data　　D. (*p).data

6. 运行下列程序段，输出结果是（　　）。

```
struct country
{   int num;
    char name[10];
}x[5]={1,"China",2,"USA",3,"France",4,"England",5,"Spanish"};
struct country *p=x+2;
printf("%d,%c\n",p->num,(*p).name[2]);
```

A. 3,a　　B. 4,g　　C. 2,U　　D. 5,S

7. 定义以下结构体数组：

```
struct date
{  int year;
   int month;
   int day;
};
struct s
{  struct date birthday;
   char name[20];
}x[4]={{2008,10,1,"guangzhou"},{2009,12,25,"Tianjin"}};
```

语句“printf("%s,%d\n",x[0].name,x[1].birthday.year);”的输出结果为（　　）。

A. guangzhou,2009　　B. guangzhou,2008

C. Tianjin,2008　　D. Tianjin,2009

8. 当声明一个共用体变量时，系统分配给它的内存是（　　）。

A. 各成员所需要内存量的总和　　B. 第一个成员所需内存量

C. 成员中占内存量最大者所需的容量　　D. 最后一个成员所需内存量

9. 以下对 C 语言中共用体类型数据的叙述正确的是（　　）。

A. 可以同时对共用体变量的所有成员赋值

B. 一个共用体变量中可以同时存放其所有成员

C. 一个共用体变量中不可以同时存放其所有成员

D. 共用体类型声明中不能出现结构体类型的成员

10. C 语言共用体类型变量在程序运行期间（　　）。

A. 所有成员一直驻留在内存中　　B. 只有一个成员驻留在内存中

C. 部分成员驻留在内存中　　D. 没有成员驻留在内存中

11. 设有如下枚举类型声明：

```
enum language{ Basic=3,Assembly,Ada=100,COBOL,Fortran};
```

枚举元素 Fortran 的值为（　　）。

A. 4　　B. 7　　C. 102　　D. 103

12. 下面的叙述中不正确的是（　　）。

A. 用 typedef 可以声明各种类型名，但不能用来定义变量

B. 用 typedef 可以增加新类型

C. 用 typedef 只是将已存在的类型用一个新的标识符来代表

D. 使用 typedef 有利于程序的通用和移植

13. 以下各选项企图声明一种新的类型名，其中正确的是（　　）。

A. typedef v1 int;　　B. typedef v2=int;

C. typedef int v3;　　D. typedef v4; int;

14. 若有声明语句“typedef struct{ int n;　char ch[8];}PER;”，则叙述正确的是（　　）。

A. PER 是结构体变量名　　B. PER 是结构体类型名

C. typedef struct 是结构体类型　　　　D. struct 是结构体类型名

15. 对于一个头指针为 head 的带头节点的单链表，判定该表为空表的条件是（　　）。

A. head==NULL　　　　B. head－＞next==NULL

C. head－＞next==head　　　　D. head!=NULL

16. 在单链表指针为 p 的节点之后插入指针为 s 的节点，正确的操作是（　　）。

A. p－＞next=s；s－＞next=p－＞next；

B. s－＞next=p－＞next；p－＞next=s；

C. p－＞next=s；p－＞next=s－＞next；

D. p－＞next=s－＞next；p－＞next=s；

二、程序设计题

17. 有 n 个学生，每个学生的数据包括学号（num），姓名（name[20]），语文、数学、英语 3 门课的成绩（score[3]）。要求在 main 函数中输入这 n 个学生的数据，然后调用一个函数 count，在该函数中计算出每个学生的总分（total）和平均分（ave），最后打印出所有各项数据（包括原有的和新求出的）。

18. 有 n 名学生，每个学生包括学号、姓名、成绩 3 个信息，编写程序找出成绩最高者的学号、姓名和成绩（用指针方法）。

19. 有 n 名学生，每名学生包括学号、姓名、成绩 3 个信息，要求按学生成绩由高到低进行排序。要求利用指针数组实现冒泡法和选择法排序，若宏定义 MP，则执行冒泡法排序；否则，执行选择法排序。

第7章 文　　件

【学习目标】

1. 理解文件的相关概念；
2. 掌握文件的打开与关闭操作方法；
3. 掌握文件的各种读写操作方法；
4. 掌握文件在数据管理中的应用。

7.1 文件概述

所谓“文件”是指存储在外部介质（如磁盘等）上数据的集合，操作系统是以文件为单位对数据进行管理的。

C语言程序（尤其是数据管理类的程序）中用到的数据，既可以从键盘输入，也可以从文件中读取，而对于大批量的数据通过键盘输入时非常麻烦且易出错，而从文件中读取既可以提高数据的输入效率，也可以减少人机交互操作造成的数据错误。另外，程序的输出结果除了可以送显示终端（显示器、打印机等）外，也可以把数据输出（写入）到文件中保存起来，以便以后使用，因此有必要掌握文件及其操作方法。

7.1.1 文件的分类

可从不同的角度对C文件进行分类。

1. 按照文件内容分类

文件按照其内容可分为**程序文件**和**数据文件**两种类型：

(1) 程序文件　内容是程序代码，包括源程序文件（扩展名为.c）、目标文件（扩展名为.obj）、可执行文件（扩展名为.exe）等。

(2) 数据文件　内容不是程序，而是供程序运行时读写的数据，如在程序运行过程中输出到磁盘（或其他外设）的数据，或在程序运行过程中供读入的数据，例如一批学生的信息数据等。

操作系统将每一个与主机相连的输入、输出设备都看作一个数据文件。例如终端键盘是输入文件，显示屏和打印机是输出文件。

本章主要讨论数据文件。C的**数据文件**由一连串的字符（或字节）组成，而不考虑行的界限，两行数据间不会自动产生分隔符，对文件的存取是以字符（或字节）为单位的。输入、输出数据流的开始和结束仅受程序控制而不受物理符号（如回车换行符）控制，这就增加了处理的灵活性，这种文件称为**流式文件**。

2. 按照数据的组织形式分类

按照其数据的组织形式，数据文件可分为**文本文件**和**二进制文件**两种类型：

(1) 文本文件 文本文件也称ASCII文件，文件的内容在外存上存放时每个字符对应一个字节，用于存放对应的ASCII码。

(2) 二进制文件 以数据在内存中的存储形式（二进制形式）原样输出到磁盘上的文件。

例如：十进制数123，按照文本文件的形式存储在文件中，占3个字节；按照二进制文件的形式存储在文件中，占1个字节，如图7-1所示。

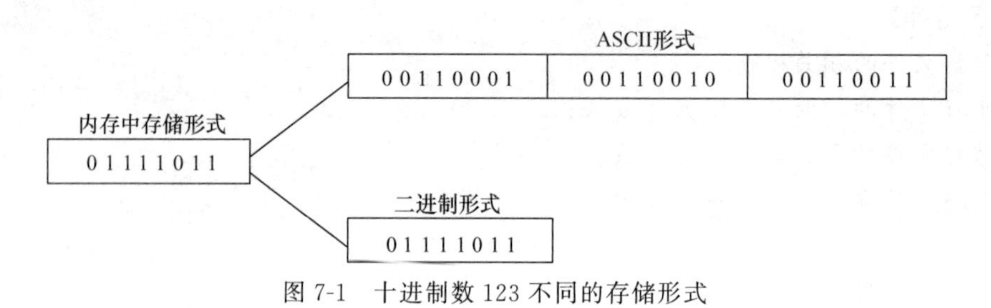

图7-1 十进制数123不同的存储形式

7.1.2 文件缓冲区

ANSI C标准采用“缓冲文件系统”处理数据文件，系统自动地在内存中为程序中每一个正在使用的文件开辟一个文件缓冲区。从内存向磁盘输出数据时，是先将数据送到内存的缓冲区，装满缓冲区后再一起送到磁盘去。如果从磁盘向计算机读入数据，则一次从磁盘文件将一批数据输入到内存缓冲区（充满缓冲区），然后再从缓冲区逐个地将数据送到程序数据区，如图7-2所示。缓冲区的大小由各个具体的C编译系统确定。

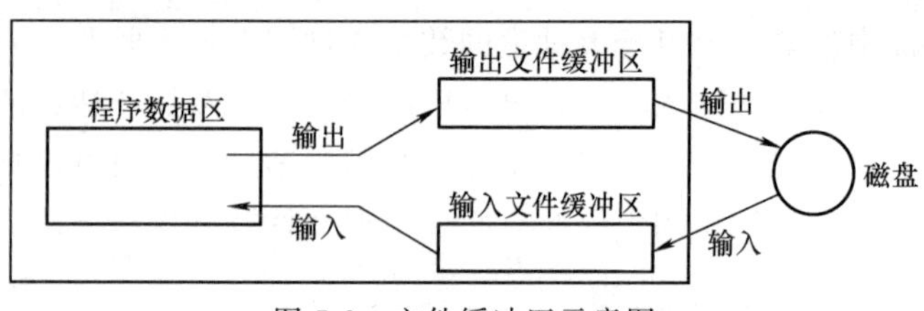

图7-2 文件缓冲区示意图

7.1.3 文件类型指针

在缓冲文件系统中，关键的概念是“文件类型指针”，简称“文件指针”。使用一个文件时，系统将在内存中为该文件开辟一个文件信息区，用来存放文件的有关信息（如文件名、文件状态、文件当前位置等）。这些信息保存在一个结构体变量中，该结构体类型是由系统声明的，取名为**FILE**。例如VC++编译环境提供的stdio.h头文件中有以下的文件类型声明：

```
typedef struct
{   char * _ptr;            //文件输入的下一个位置
    int   _cnt;             //当前缓冲区的相对位置
    char * base;            //缓冲区的位置
    int   _flag;            //文件状态标志
    int   _file;            //用于有效性检验
```

```
    int   _charbuf;         //如无缓冲区不读取字符
    int   _bufsiz;          //缓冲区的大小
    char * tmpfname;        //临时文件名
}FILE;
```

可以定义文件型指针变量，例如：　**FILE　* fp;**

定义文件型指针变量 fp 后，可以使 fp 指向某个文件的文件信息区，通过该文件信息区的信息便可访问该文件。简言之，可以通过文件型指针变量 fp 访问一个文件，因此常把 fp 称为指向文件的指针变量。

对文件进行操作之前，必须要使用 FILE 定义指向文件的指针变量。

7.2　文件的打开与关闭

对文件的操作一般需要经过**打开**、**读/写**、**关闭** 3 步，并且这 3 步是有先后顺序的：在对文件进行读写操作之前，首先要打开文件，然后对文件进行读/写操作，读/写操作结束后，需要关闭该文件，以避免数据丢失。

在 C 语言中，对文件的打开、读/写、关闭等都是通过库函数来实现的。

7.2.1　用 fopen 函数打开数据文件

C 规定，可用 fopen 函数打开文件，其一般调用方式如下：

```
FILE * fp;                          //定义 FILE 类型的指针变量 fp
fp=fopen(文件名,文件使用方式);      //将 fopen 函数的返回值赋给指针变量 fp
```

例如：

```
FILE  * fp;
fp=fopen("file1", "r" );
```

表示要打开名字为 file1 的文件，文件使用方式为“读取”，并将 fopen 函数的返回值赋给指针变量 fp。

可见，在打开一个文件时，要通知编译系统 3 个信息：要打开的文件名；文件使用方式（读、写）；指向待打开文件的指针变量。

说明：

1）在 fopen 函数中，要打开的文件名可以是用双撇号括起来的字符串、字符数组名或指向字符串的指针。

2）fopen 函数的返回值是一个地址值，若正常打开了指定文件，则返回指向该文件的指针；若打开操作失败，则返回一个空指针 NULL。常用下面的方法打开一个文件：

```
if((fp=fopen("file1","r"))==NULL)
{   printf("不能打开此文件\n");
    exit(0);          //关闭文件，终止正在执行的程序
}
```

该条件语句表示，如果没有正常打开指定文件就退出程序，否则去执行相应的操作。

3）文件的使用方式及含义如表 7-1 所示。

表 7-1　文件的使用方式及含义

<table>
<tr><th>使用方式</th><th>处理方式</th><th>含　义</th><th>若指定的文件存在</th><th>若指定的文件不存在</th></tr>
<tr><td>"r"</td><td>只读</td><td>为了读取数据，打开一个文本文件</td><td>正常打开</td><td>出错</td></tr>
<tr><td>"w"</td><td>只写</td><td>为了写入数据，打开一个文本文件</td><td>覆盖</td><td>建立新文件</td></tr>
<tr><td>"a"</td><td>追加</td><td>向文本文件尾追加数据</td><td>打开，追加</td><td>建立新文件</td></tr>
<tr><td>"r+"</td><td>读写</td><td>为了读和写数据，打开一个文本文件</td><td>正常打开</td><td>出错</td></tr>
<tr><td>"w+"</td><td>写读</td><td>为了写和读数据，打开一个文本文件</td><td>覆盖</td><td>建立新文件</td></tr>
<tr><td>"a+"</td><td>追加，读</td><td>为了追加和读数据，打开一个文本文件</td><td>打开，追加</td><td>建立新文件</td></tr>
<tr><td>"rb"</td><td rowspan="6" colspan="4">与前面的 6 种方式对应相似，但处理的是二进制文件</td></tr>
<tr><td>"wb"</td></tr>
<tr><td>"ab"</td></tr>
<tr><td>"rb+"</td></tr>
<tr><td>"wb +"</td></tr>
<tr><td>"ab +"</td></tr>
</table>

①使用"r" 方式打开的文本文件，只能用于从该文件中读取数据，而不能用于向该文件输出（写入）数据。而且该文件应该已经存在，若该文件不存在将出错。

②使用"w" 方式打开的文本文件，只能用于向该文件输出（写入）数据，而不能用于从该文件中读取数据。若打开的文件已经存在，则在向该文件输出（写入）数据时，将覆盖原有文件的内容；若打开的文件不存在，则新建一个指定名字的文本文件，并打开该文件。

③使用 "a" 方式和 "w" 方式打开的文本文件，含义基本相同，区别在于如果打开的文件已经存在，则在向该文件输出（写入）数据时，"a" 方式将数据追加在原有文件的尾部，而不覆盖原有文件的内容。

④ "r"、"w"、"a" 是打开文件使用的 3 种基本方式，在此基础上加一个“+”字符，即 "r+"、"w+"、"a+"，其中“+”的含义是由单一的只读或只写方式扩展为既能读又能写的方式，其他与原含义相同。比如使用 "r+" 方式，可以对该文件执行读操作，在读完数据后又可以向该文件写数据；再如使用 "w+" 方式，可以对该文件执行写操作，在写完数据后又可以从该文件读取数据。

⑤计算机从文本文件中读取字符时，遇到回车换行符（'\r'和'\n'），系统把它转换为一个换行符（'\n'）；在向文本文件输出（写入）字符时，把换行符（'\n'）转换成回车和换行两个字符（'\r'和'\n'）。在用二进制文件时，不进行这种转换，在内存中的数据形式和输出到外部文件中的数据形式完全一致，一一对应。因此，C 语言中对二进制文件的访问速度比文本文件快。

⑥程序开始运行时，系统自动打开 3 个标准的流文件：标准输入流、标准输出流、标准出错输出流。这 3 个文件都与终端有对应的关系：标准输入流是从终端的输入，标准输出流是向终端的输出，标准出错输出流是当程序出错时将出错信息发送到终端。程序开始运行时系统自动打开这 3 个标准流文件，因此程序员不需要在程序中用 fopen 函数打开它们。**系统定义了 3 个文件型指针变量 stdin、stdout 和 stderr，分别指向标准输入流、标准输出流和标**

准出错输出流。如果程序中指定要从 stdin 所指的文件读取（输入）数据，是指从终端键盘输入数据。

7.2.2　用 fclose 函数关闭数据文件

当对打开的文件读/写操作结束后，就应关闭打开的文件。若未关闭文件而直接退出程序，可能会使文件缓冲区中未写入文件的数据丢失。

关闭文件使用 fclose 函数，其一般调用形式为：　　**fclose（文件型指针变量）;**

例如：　fclose(fp);　　　//关闭 fp 指向的文件

fclose 函数也返回一个值，若成功关闭文件，则返回值为 0，否则返回文件结束标志 EOF(−1)。

7.3　顺序读写数据文件

用 fopen 函数打开一个文件后，就可以对该文件进行读写操作了，包括顺序读写和随机读写。对顺序读写来说，对文件读写数据的顺序和数据在文件中的物理顺序是一致的。在顺序读时，先读文件中前面的数据，再读文件中后面的数据；在顺序写时，先写入的数据存放在文件中前面的位置，后写入的数据存放在文件中后面的位置。

对文件的顺序读写操作，主要包括对文件进行读写字符、读写字符串、格式化读写、数据块读写等操作。对文件的顺序读写操作都是通过库函数实现的。

7.3.1　对文件读写一个字符

从文本文件中读取一个字符和向文本文件中写入一个字符的函数如表 7-2 所示。

表 7-2　读写一个字符的函数

函数名	调用形式	功　能	返　回　值
fgetc	ch=fgetc(fp);	从 fp 所指向的文件中读取一个字符，赋给字符变量 ch	返回值为读取的字符 ch。若读入的字符是文件结束标志 EOF，则返回值为 EOF
fputc	fputc(ch, fp);	把字符 ch 写入 fp 所指向的文件中	写入成功，返回值为写入的字符 ch；否则，返回值为文件结束标志 EOF

【例 7.1】 从键盘上输入一些字符，逐个写入到指定文件 file1.txt 中；然后再从该文件中读取这些字符，并在显示屏上显示。参考程序如下：

```
#include  <stdio.h>
#include  <stdlib.h>
void WriteChar(FILE * fp)    //写字符函数
{
    char ch;
    while((ch=getchar( ))! ='\n')
        fputc(ch,fp);            //向文件写入字符
```

```
}
void ReadChar(FILE * fp)    //读字符函数
{
    char ch;
    while((ch=fgetc(fp))! =EOF)    //从文件中读取字符，并判断文件是否结束
        putchar(ch);               //送显示屏显示字符
    printf("\n");
}
void main( )
{
    FILE * fp;        //定义文件型指针变量
    if((fp=fopen("file1.txt","w"))==NULL)   //为了写入数据，打开文件
    {   printf("无法打开 file1.txt 文件\n");
        exit(0);                  //终止程序运行
    }
    printf("请向 file1.txt 输入字符串:");
    WriteChar(fp);                //调用字符写入函数
    fclose(fp);                   //关闭文件
    if((fp=fopen("file1.txt","r"))==NULL)    //为了读取数据,打开文件
    {   printf("无法打开 file1.txt 文件\n");
        exit(0);                  //终止程序运行
    }
    printf("从 file1.txt 中读取的字符为:");
    ReadChar(fp);                 //调用字符读取函数
    fclose(fp);                   //关闭文件
}
```

运行情况：

```
请向file1.txt输入字符串: abcd123ASD
从file1.txt中读取的字符为: abcd123ASD
```

在本程序中，首先用 fopen 函数打开文件时没有指定路径，只写了文件名 file1. txt，系统默认其路径为当前用户所使用的子目录（即源文件所在的目录），在此目录下新建一个文本文件 file1. txt；然后通过 fputc 函数向文件 file1. txt 中写入数据；最后再通过 fgetc 函数读取该文件中的数据。

在向文本文件 file1. txt 中写入数据后，可以打开该文件查看其中的数据内容。

说明：

1）程序中的 exit 函数是 stdlib. h 头文件中的库函数，其作用是终止程序运行。

2）由于字符的 ASCII 码不可能出现－1(EOF，End of File，即文件结束标志)，因此对文本文件来说，当读入的字符等于－1 时，可表示读入的是文件结束符。但对二进制文件来说，－1 也可能是有效的数据，因此不能再用 EOF 作为文件结束标志。**系统提供了测试文件是否结束的函数 feof(fp)，若文件结束，则该函数返回值为非 0 值（真），否则为 0（假）。**

该函数既适用于文本文件，也适用于二进制文件。如果想顺序读取文件中的数据，则可用下面的语句实现：

```
while(! feof(fp))
{   ch=fgetc(fp);
     ⋮
}
```

【例 7.2】 编程实现：将一个文本文件（file1.txt）中的内容复制到另一个文本文件（file2.txt）中。参考程序如下：

```
#include <stdio.h>
#include <stdlib.h>
void CopyChar(FILE * fp1,FILE * fp2)
{
    char ch;
    while((ch=fgetc(fp1))! =EOF)  //读取一个字符，并判断文件结束标志
        fputc(ch,fp2);               //写入一个字符
}
void main( )
{
    FILE * fp1, * fp2;          //定义文件型指针变量
    char file1[10],file2[10];
    printf("请输入源文件名:");
    scanf("%s",file1);
    printf("请输入目标文件名:");
    scanf("%s",file2);
    if((fp1=fopen(file1,"r"))==NULL)       //为了读取数据，打开文件 file1
    {   printf("无法打开源文件\n");
        exit(0);
    }
    if((fp2=fopen(file2,"w"))==NULL)       //为了写入数据，打开文件 file2
    {   printf("无法打开目标文件\n");
        exit(0);
    }
    CopyChar(fp1,fp2);  //调用字符复制函数
    fclose(fp1);          //关闭源文件
    fclose(fp2);          //关闭目标文件
}
```

通过本程序，可实现将源文件中的内容复制到目标文件中。程序运行后，可以打开对应的文本文件查看其数据内容。

7.3.2 对文件读写一个字符串

从文本文件中读取一个字符串和向文本文件中写入一个字符串的函数如表7-3所示。

表7-3 读写一个字符串的函数

函数名	调用形式	功　能	返　回　值
fgets	fgets(str，n，fp)；	从fp所指向的文件中读取一个长度为n−1的字符串，并自动加上字符串结束标志'\0'，然后把这n个字符存放到字符数组str中。如果在读完n−1个字符之前遇到换行符'\n'或文件结束标志EOF，则结束读入，但'\n'也作为一个字符读入	读取成功，返回字符数组str的首地址。若读取一开始就遇到文件结束标志EOF或读数据出错，则返回NULL
fputs	fputs(str，fp)；	把str所指向的字符串写入fp所指向的文件中，但字符串结束标志'\0'不写入。其中，str可以是字符串常量、字符数组名或字符型指针	写入成功，返回0；否则返回非0值

【例7.3】 从键盘上输入一个字符串，写入到指定文件file1.txt中；然后再从该文件中读取这个字符串，并在显示屏上显示。参考程序如下：

```
#include <stdio.h>
#include <stdlib.h>
void ReadStr(FILE * fp);    //函数声明
void main( )
{    FILE * fp;
     char string[20];
     printf("请输入一个字符串:");
     gets(string);                    //从键盘输入字符串
     if((fp=fopen("file1.txt","w"))==NULL)    //为了写入数据，打开文件
     {   printf("无法打开此文件\n");
         exit(0);
     }
     fputs(string,fp);    //向指定文件写入一个字符串
     fclose(fp);          //关闭指定文件
     if((fp=fopen("file1.txt","r"))==NULL)    //为了读取数据，打开文件
     {   printf("无法打开此文件\n");
         exit(0);
     }
     ReadStr(fp);      //调用读取字符串函数
     fclose(fp);       //关闭指定文件
}
void ReadStr(FILE * fp)   //读取字符串函数
{
```

```
    char str[10];
    while(fgets(str,10,fp)!=NULL)    //从指定文件中读取字符串
        printf("%s",str);
    printf("\n");
}
```

运行情况：请输入一个字符串：1234567890ABCD
1234567890ABCD

【思考与实验】

1）程序中，数组 str 只能容纳 10 个字符，但由键盘上输入的 14 个字符全部在显示屏上显示出来了，这是怎么回事？请读者思考。

2）若将 ReadStr 函数中 while 循环语句改为如下形式：

```
    while(fgets(str,10,fp)! =NULL)    //从指定文件中读取字符串
        printf("%s\n",str);
```

重新运行程序，观察运行结果，并体会 fgets 函数的功能。

7.3.3　格式化读写文件

大家知道，scanf 函数和 printf 函数是以“终端”为对象的格式化输入、输出函数。而 fscanf 函数和 fprintf 函数是以“文件”为对象的格式化输入、输出函数，如表 7-4 所示。

表 7-4　格式化读写文件的函数

函数名	调 用 形 式	功　能
fscanf	fscanf（fp，格式控制字符串，地址列表）；	从 fp 指向的文件中按格式控制字符串指定的格式读取数据，并存入地址列表中变量的存储单元
fprintf	fprintf（fp，格式控制字符串，输出列表）；	将输出列表中变量的值按指定的格式输出（写入）到 fp 指向的文件中

注：表中的格式控制字符串，与 scanf 函数、printf 函数中的用法相同。

例如：　　fscanf(fp,"%d %f",&i,&j);　//格式化读取文件

若文件指针 fp 指向的文件中有数据 3 和 5.8，则从 fp 指向的文件中分别读取数据 3 和 5.8 送给变量 i 和 j。

例如：　　fprintf(fp,"%d,%f",i,j);　　//格式化写入文件

把变量 i 和 j 的值分别按%d 和%f 的格式输出（写入）到 fp 指向的文件中。

【例 7.4】 将学生的数据信息写入指定文件 file1.txt 中；然后再从该文件中读取学生的数据信息，并在显示屏上显示。参考程序如下：

```
#include <stdio.h>
#include <stdlib.h>
typedef struct          //声明结构体类型
{
    int    stu_ID;      //学号
```

```
    char  name[10]; //姓名
    float  score;    //成绩
}Student;
void main( )
{
    int  i;
    FILE * fp;        //定义文件型指针变量
    Student stu1[5]={ {82013101,"张三",45}, {82013102,"李四五",62.5},
                      {82013103,"王六其",92.5},{82013104,"钱多九",87},
                      {82013105,"赵三六",58}
                    };
    Student stu2[5];
    if((fp=fopen("file1.txt","w"))==NULL)//为了写入,打开文件
    {  printf("无法打开此文件");
       exit(0);
    }
    for(i=0;i<5;i++)          //格式化写文件
        fprintf(fp,"%10d%10s%5.1f\n",stu1[i].stu_ID,stu1[i].name,stu1[i].score);
    fclose(fp);               //关闭文件
    if((fp=fopen("file1.txt","r"))==NULL)    //为了读取,打开文件
    {  printf("无法打开此文件");
       exit(0);
    }
    printf(" 学号\t   姓名\t     成绩\t\n");
    for(i=0;i<5;i++)      //格式化读文件,并将数据信息送显示屏显示
    {
        fscanf(fp,"%d%s%f",&stu2[i].stu_ID,stu2[i].name,&stu2[i].score);
        printf("%-10d%-10s%-5.1f\n",stu2[i].stu_ID,stu2[i].name,stu2[i].score);
    }
    fclose(fp);      //关闭文件
}
```

程序运行后，打开源文件所在目录下的file1.txt文件，其中的内容显示如下：

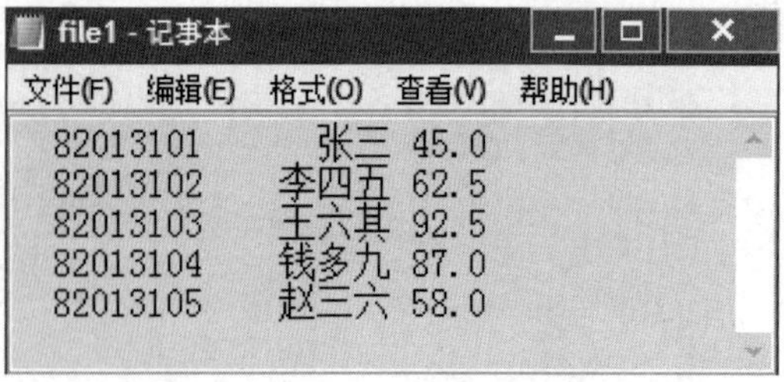

```
file1 - 记事本
文件(F)  编辑(E)  格式(O)  查看(V)  帮助(H)
  82013101      张三  45.0
  82013102    李四五  62.5
  82013103    王六其  92.5
  82013104    钱多九  87.0
  82013105    赵三六  58.0
```

显示屏显示：

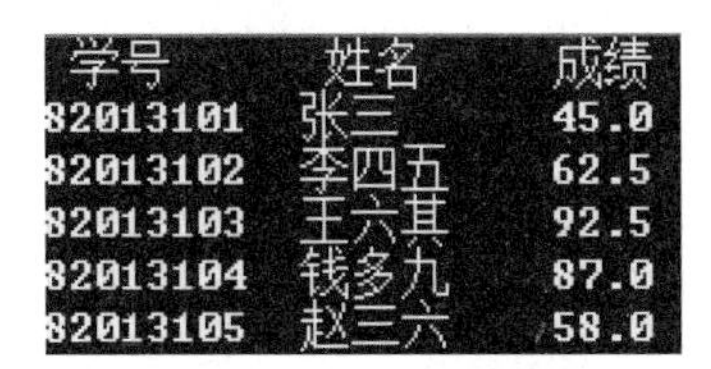

说明：用 fscanf 函数和 fprintf 函数对磁盘文件进行格式化读写，使用方便，容易理解。但由于在读取文件时，要将文件中的 ASCII 码转换为二进制形式再保存在内存变量中；而写入文件时，又要将内存中的二进制形式转换为字符，要花费较多时间。因此，在内存与磁盘之间频繁交换数据时，最好不用 fscanf 和 fprintf 函数，而用下面介绍的 fread 函数和 fwrite 函数以二进制方式对文件进行读写。

7.3.4　用二进制方式对文件读写一组数据

在实际应用中，不仅需要一次读写一个数据，还经常需要一次读写一组数据（如数组或结构体变量的值）。C 语言中，可用 fread 函数从文件中读取一个数据块，用 fwrite 函数向文件写入一个数据块。在读写时是以二进制形式进行的，数据在内存与磁盘文件之间“原封不动、无须转换”地进行交换，这样就可以用 fread 函数和 fwrite 函数对文件读写任何类型的数据，其调用形式和功能如表 7-5 所示。

表 7-5　读写一组数据的函数

<table>
<tr><th>函数名</th><th>调用形式</th><th>功　　能</th><th>返回值</th></tr>
<tr><td>fread</td><td>fread (buffer, size, count, fp);</td><td>从 fp 指向的文件中读取 count 个含有 size 个字节的数据块，存入起始地址为 buffer 的内存（变量）中</td><td rowspan="2">执行成功，返回 count 的值；执行失败，返回小于 count 的值</td></tr>
<tr><td>fwrite</td><td>fwrite (buffer, size, count, fp);</td><td>从起始地址为 buffer 的内存（变量）中，把 count 个含有 size 个字节的数据块写入 fp 指向的文件中</td></tr>
</table>

例如：int a[10];

　　fread(a, 4, 10, fp); //从 fp 指向的文件中读取 10 个 4 字节的数据，存入数组 a 中

如果定义一个结构体类型的数组 stu[10]：

```
struct Student
{   char name[10];    //姓名
    int  stu_ID;      //学号
    int  age;         //年龄
}stu[10];
```

假设学生的数据信息已存放在磁盘文件中，则可以用下面的 for 语句和 fread 函数读入 10 名学生的数据：

```
for(i=0; i<10; i++)
    fread( &stu[i],sizeof(struct Student),1,fp);
```

循环执行 10 次，每次从 fp 指向的文件中读取数据，存入结构体数组 stu 的一个元素中。

同样地，可用下面的for语句和fwrite函数将内存中的学生数据写入磁盘文件中去：

```
for(i=0; i<10; i++)
    fwrite(&stu[i], sizeof (struct Student), 1, fp);
```

【例7.5】 从键盘输入5名学生的相关数据，然后将它们转存到磁盘文件中去，最后再读取磁盘文件中的数据，并送显示屏显示。参考程序如下：

```
#include <stdio.h>
#include <stdlib.h>
#define SIZE  5        //宏定义学生数常量
typedef struct         //声明结构体类型
{
    char name[10];      //姓名
    int  stu_ID;        //学号
    int  age;           //年龄
}Student;
void main( )
{
    int i;
    FILE * fp;          //定义文件型指针变量
    Student stu1[SIZE],stu2[SIZE]; //定义结构体数组，存放多名学生的信息
    printf("请输入%d名学生的姓名、学号、年龄\n",SIZE);
    for(i=0;i<SIZE;i++)     //输入学生信息
        scanf("%s %d %d",stu1[i].name,&stu1[i]. stu_ID,&stu1[i].age);
    printf("\n");
    if((fp=fopen("file1.txt","wb"))==NULL)  //为了二进制形式写入，打开文件
    {  printf("无法打开此文件\n");
       exit(0);           //终止程序运行
    }
    for(i=0;i<SIZE;i++)     //向文件写数据块
        if(fwrite(&stu1[i],sizeof(Student),1,fp)! =1)
        {  printf("写文件出错\n");
           exit(0);
        }
    fclose(fp);  //关闭文件
    if((fp=fopen("file1.txt","rb"))==NULL)   //为了二进制形式读取,打开文件
    {  printf("无法打开此文件\n");
       exit(0);
    }
    printf(" 姓名\t   学号\t\t年龄\n");
    for(i=0;i<SIZE;i++)     //从文件中读取数据块，并送显示屏显示
```

```
    {
        if(fread( &stu2[i],sizeof(Student),1,fp)! =1)
        {  printf("读文件出错\n");
           exit(0);
        }
        printf("%s\t %8d\t %3d\n",stu2[i]. name,stu2[i]. stu_ID,stu2[i]. age);
    }
    fclose(fp);    //关闭文件
}
```

运行情况：

```
请输入5名学生的姓名、学号、年龄
张三四  82013101  20
王五六  82013102  19
李四    82013103  22
赵七八  82013104  21
钱九十  82013105  23

 姓名      学号          年龄
张三四    82013101        20
王五六    82013102        19
李四      82013103        22
赵七八    82013104        21
钱九十    82013105        23
```

本程序中，首先在内存中开辟两个结构体数组 stu1 和 stu2，并将键盘输入的学生信息存入数组 stu1 中，然后将数组 stu1 中的数据写入文件 file1. txt 中，最后再将 file1. txt 中的数据读入到数组 stu2 中，并送显示屏显示。

7.4　随机读写数据文件

上节中介绍了顺序读写数据文件的方法：

1）用 fgetc 和 fputc 函数对文件读写一个字符。

2）用 fgets 和 fputs 函数对文件读写一个字符串。

3）用 fscanf 和 fprintf 函数对文件格式化读写。

4）用 fread 和 fwrite 函数对文件读写一组数据（二进制方式）。

顺序读写，是从文件的开头逐个字符进行读写，该方式易理解，也易操作，但有时效率不高。例如文件中有若干个数据，若随机查找第 i 个数据，则必须先逐个读取其前面的所有数据，才能读取第 i 个数据。显然，在这种情况下，顺序读写效率很低。为了解决这个问题，可以采用随机访问的方式。

随机访问不是按数据在文件中的物理位置次序进行读写，而是可以对任何位置上的数据进行访问，显然这种方法比顺序访问效率高。

7.4.1　文件位置指示器及其定位

1. 文件位置指示器

在文件中，有一个“文件位置指示器”，用来指示当前读写的位置。对文件顺序读写时，文件位置指示器开始指向文件开头，每次读写一个字符后，文件位置指示器自动移动到下一个字符的位置，如图 7-3 所示。

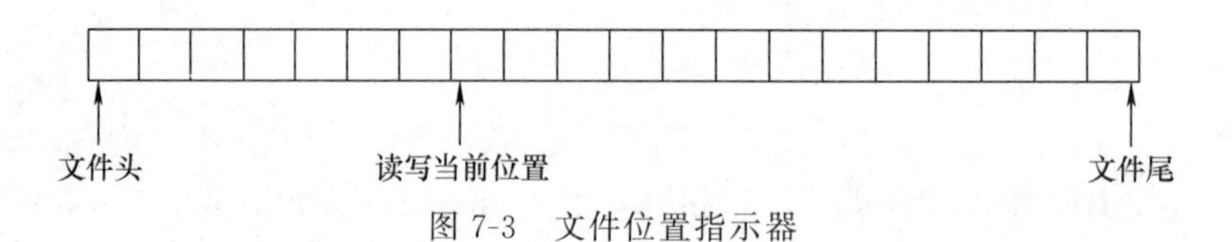

图 7-3　文件位置指示器

需要说明的是："文件位置指示器"，有资料形象化地称之为"文件位置指针"，或简称为"文件指针"，这容易和"指向文件的指针"相混淆。"指向文件的指针"是用来指向文件的，如果不重新赋值，它是不会改变的；而"文件位置指示器"是在文件打开之后，随着文件的读写而在**文件内部**移动的。

除了对文件可以顺序读写，还可根据读写的需要，人为地将文件位置指示器移动到文件的任意位置，从而实现随机读写。

2. 文件位置指示器的定位

确定文件位置指示器指向的位置，可以通过 3 个函数实现：使位置指示器返回到文件头的 rewind 函数、改变当前文件位置的 fseek 函数、获取位置指示器当前位置的 ftell 函数，其具体用法如表 7-6 所示。

表 7-6　文件位置指示器的定位函数

函数名	调 用 形 式	功能及返回值
rewind	rewind(fp)；	使 fp 指向的文件中的位置指示器置于文件头。函数执行成功，返回 0；否则，返回非 0 值
ftell	ftell(fp)；	获取 fp 指向的文件中的位置指示器的当前位置，用相对于文件头的位移量来表示。函数执行成功，返回相对于文件头的位移量；否则，返回－1L
fseek	fseek(fp，位移量，起始点)；	使 fp 指向的文件中的位置指示器从"起始点"指定的位置向文件尾或文件头的方向移动"位移量"个字节数 起始点：数字 0 或宏名 SEEK _ SET 表示文件开始位置 数字 1 或宏名 SEEK _ CUR 表示文件当前位置 数字 2 或宏名 SEEK _ END 表示文件末尾位置 位移量：为 long 型数据，在数字后加 L 可表示 long 型，正整数表示向文件尾移动，负整数表示向文件头移动 函数执行成功，返回 0；否则，返回非零值

例如：　i=ftell(fp)；　　　　//获取文件位置指示器的当前位置
　　　　if(i==－1L)　printf ("文件位置读取出错")；　　//出错

例如：　fseek (fp，10L，0)；//将文件位置指示器移到离文件头 10 个字节处
　　　　fseek(fp，10L，1)；　//将文件位置指示器移到离当前位置 10 个字节处
　　　　fseek(fp，－10L，2)；//将文件位置指示器从文件尾向后退 10 个字节

7.4.2　随机读写

在熟悉文件位置指示器的定位函数之后，即可实现对文件的随机读写。

【例 7.6】 从键盘输入 5 名学生的相关数据，然后将它们转存到磁盘文件中去，最后随机查询磁盘文件中的某名学生的信息，并送显示屏显示。

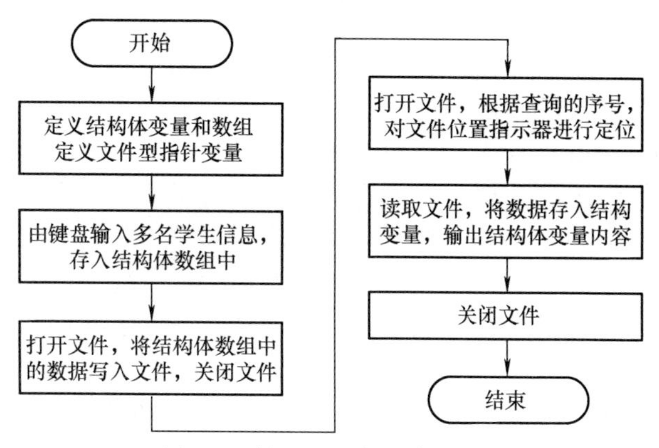

图 7-4 例 7.6 程序设计流程图

其解题思路如图 7-4 所示，参考程序如下：

```
#include  <stdio.h>
#include  <stdlib.h>
#define   SIZE   5       //宏定义学生数常量
typedef struct           //声明学生结构体类型
{
    int    Num;            //序号
    char   name[10];       //姓名
    int    stu_ID;         //学号
    int    age;            //年龄
}Student;
void main( )
{
    int i;                     //定义整型变量,用于存放待查询的序号
    Student stu1[SIZE],stu; //定义结构体数组和变量
    FILE  *fp;                 //定义文件型指针变量
    printf("请输入%d 名学生的序号、姓名、学号、年龄:\n",SIZE);
    for(i=0;i<SIZE;i++)       //由键盘输入学生信息
        scanf("%d%s%d%d",&stu1[i].Num,stu1[i].name,
                          &stu1[i].stu_ID,&stu1[i].age);
    printf("\n");
    if((fp=fopen("file1.txt","wb"))==NULL)  //为了二进制形式写入,打开文件
    {  printf("无法打开此文件\n");
       exit(0);                //终止程序运行
    }
    for(i=0;i<SIZE;i++)      //向文件写数据块
```

```
        if(fwrite( &stu1[i],sizeof(Student),1,fp)!=1)
        {   printf("写文件出错\n");
            exit(0);
        }
    fclose(fp);   //关闭文件
    if((fp=fopen("file1.txt","rb"))==NULL)   //为了二进制形式读取，打开文件
    {   printf("无法打开此文件\n");
        exit(0);          //终止程序运行
    }
    while(1)
    {
        printf("请输入要查询学生的序号(输入 0 号结束查询):");
        scanf("%d",&i);
        if(i==0)     return;                 //输入 0 号，结束查询
        rewind(fp);                          //使文件位置指示器返回文件头
        fseek(fp,(i-1) * sizeof(Student),0);          //文件位置指示器定位
        if(fread( &stu,sizeof(Student),1,fp)! =1)  //从文件中读取数据块
        {   printf("读文件出错\n");
            exit(0);
        }
        printf("%d\t%s\t%d\t%d\n",stu.Num,stu.name,
                                   stu.stu_ID,stu.age);//输出信息
    }
    fclose(fp);      //关闭文件
}
```

运行情况：

```
请输入5名学生的序号、姓名、学号、年龄:
1  张三四  82013101  20
2  李四    82013102  21
3  王五六  82013103  22
4  钱八九  82013105  19
5  赵九    82013106  23

请输入要查询学生的序号（输入0号结束查询）：1
1       张三四  82013101        20
请输入要查询学生的序号（输入0号结束查询）：4
4       钱八九  82013105        19
请输入要查询学生的序号（输入0号结束查询）：0
Press any key to continue
```

7.5 文件读写的出错检测

C 语言提供了一些函数，用来检查文件读写函数调用时可能出现的错误。

1. ferror 函数

在调用各种文件读写函数时，如果出现错误，除了函数返回值有所反映外，还可用

ferror 函数检查，其一般调用形式为：　**ferror(fp);**

若 ferror 函数返回值为 0，表示未出错；若返回一个非零值，表示出错。

需要注意的是，对同一个文件每一次调用读写函数时，都会产生一个新的 ferror 函数值，因此应当在调用一个读写函数后立即检查 ferror 函数值，否则信息会丢失。

在执行 fopen 函数时，ferror 函数的初始值自动置为 0。

2. clearerr 函数

clearerr 函数的作用是使文件错误标志和文件结束标志置为 0，其一般调用形式为：

clearerr(fp);

假设在调用一个读写函数时出现错误，ferror 的函数值为一个非零值。此时，应当立即调用 clearerr(fp)，使 ferror(fp) 的值变为 0，以便再进行下一次的检测。

只要出现文件读写错误标志，它就一直保留，直到对同一文件调用 clearerr 函数或 rewind 函数，或其他任何一个读写函数。

练　习　题

一、选择题

1. 以下叙述中错误的是（　　）。

A. C 语言中的文本文件以 ASCII 码形式存储数据

B. 文件按数据的组织形式分为二进制文件和文本文件

C. C 语言中对二进制文件的访问速度比文本文件快

D. C 语言中，顺序读写方式不适用于二进制文件

2. 系统的标准输入文件是指（　　）。

A. 键盘　　B. 显示屏　　C. 硬盘　　D. 内存

3. 若要用 fopen 函数打开一个新的二进制文件，该文件要既能读也能写，则文件的使用方式应是（　　）。

A. "ab+"　　B. "wb+"　　C. "rb+"　　D. "ab"

4. 若指针 fp 已正确定义并指向某个文件，当未遇到该文件结束标志时函数 feof(fp) 的值为（　　）。

A. 0　　B. 1　　C. −1　　D. 一个非 0 值

5. 若 fp 是指向某文件的指针，且已读到文件末尾，则函数 feof(fp) 的返回值是（　　）。

A. EOF　　B. −1　　C. 非零值　　D. NULL

6. 以下与函数 fseek(fp, 0L, SEEK_SET) 有相同作用的是（　　）。

A. feof(fp)　　B. ftell(fp)　　C. fgetc(fp)　　D. rewind(fp)

7. 在 C 程序中，可把整型数以二进制形式存放到文件中的函数是（　　）。

A. fprintf 函数　　B. fread 函数　　C. fwrite 函数　　D. fputc 函数

8. 标准函数 fgets(s, n, f) 的功能是（　　）。

A. 从文件 f 中读取长度为 n 的字符串存入指针 s 所指的内存

B. 从文件 f 中读取长度不超过 n−1 的字符串存入指针 s 所指的内存

C. 从文件 f 中读取 n 个字符串存入指针 s 所指的内存

D. 从文件 f 中读取长度为 n－1 的字符串存入指针 s 所指的内存

9. 在执行 fopen 函数时，ferror 函数的初始值为（　　）。

A. TURE　　B. －1　　C. 1　　D. 0

二、填空题

10. 执行下列程序后，文件 t1.dat 中的内容是________。

```
#include <stdio.h>
void WriteStr(char * fn,char * str)
{   FILE * fp;
    fp=fopen(fn,"w");
    fputs(str,fp);
    fclose(fp);
}
void main( )
{   WriteStr("t1.dat","start");
    WriteStr("t1.dat","end");
}
```

11. 执行下列程序后，输出结果是________。

```
#include <stdio.h>
void main( )
{  FILE * fp;
   int i,k=0,n=0;
   fp=fopen("d1.dat","w");
   for(i=1;i<4;i++)
        fprintf(fp,"%d",i);
   fclose(fp);
   fp=fopen("d1.dat","r");
   fscanf(fp,"%d%d",&k,&n);
   printf("%d  %d\n",k,n);
   fclose(fp);
}
```

12. 执行下列程序后，输出结果是________。

```
#include <stdio.h>
void main( )
{   FILE * fp;
    int i,a[4]={1,2,3,4},b;
    fp=fopen("data.dat","wb");
    for(i=0;i<4;i++)
```

```
        fwrite(&a[i],sizeof(int),1,fp);
    fclose(fp);
    fp=fopen("data.dat","rb");
    fseek(fp,-2*sizeof(int),SEEK_END);
    fread(&b,sizeof(int),1,fp);
    fclose(fp);
    printf("%d\n",b);
}
```

13. 执行下列程序后，文件 test. txt 中的内容是________。

```
#include<stdio.h>
#include <string.h>
void fun(char * fname,char * st)
{   FILE * fp;
    int i;
    fp=fopen(fname,"w");
    for(i=0;i<strlen(st);i++)
        fputc(st[i],fp);
    fclose(fp);
}
void main( )
{   fun("test.txt","new world");
    fun("test.txt","hello");
}
```

附　　录

附录 A　常用字符与 ASCII 代码对照表

ASCII值	字符	控制字符	ASCII值	字符	ASCII值	字符	ASCII值	字符	ASCII值	字符	ASCII值	字符	ASCII值	字符	ASCII值	字符
0	null	NUL	32	(space)	64	@	96	’	128	Ç	160	á	192	└	224	α
1	☺	SOH	33	!	65	A	97	a	129	Ü	161	í	193	┴	225	β
2	☻	STX	34	"	66	B	98	b	130	é	162	ó	194	┬	226	Γ
3	♥	ETX	35	#	67	C	99	c	131	â	163	ú	195	├	227	π
4	♦	EOT	36	$	68	D	100	d	132	ä	164	ñ	196	─	228	Σ
5	♣	ENQ	37	%	69	E	101	e	133	à	165	Ñ	197	†	229	σ
6	♠	ACK	38	&	70	F	102	f	134	å	166	ª	198	╞	230	μ
7	beep	BEL	39	′	71	G	103	g	135	ç	167	º	199	╟	231	τ
8	backspace	BS	40	(	72	H	104	h	136	ê	168	¿	200	╚	232	Φ
9	tab	HT	41	)	73	I	105	i	137	ë	169	⌐	201	╔	233	θ
10	换行	LF	42	*	74	J	106	j	138	è	170	¬	202	╩	234	Ω
11	♂	VT	43	+	75	K	107	k	139	ï	171	½	203	╦	235	δ
12	♀	FF	44	,	76	L	108	l	140	î	172	¼	204	╠	236	∞
13	回车	CR	45	-	77	M	109	m	141	ì	173	¡	205	═	237	ø
14	♫	SO	46	.	78	N	110	n	142	Ä	174	«	206	╬	238	∈
15	☼	SI	47	/	79	O	111	o	143	Å	175	»	207	╧	239	∩
16	►	DLE	48	0	80	P	112	p	144	É	176	░	208	╨	240	≡
17	◄	DC1	49	1	81	Q	113	q	145	æ	177	▒	209	╤	241	±
18	↕	DC2	50	2	82	R	114	r	146	Æ	178	▓	210	╥	242	≥
19	‼	DC3	51	3	83	S	115	s	147	ô	179	│	211	╙	243	≤
20	¶	DC4	52	4	84	T	116	t	148	ö	180	┤	212	╘	244	⌠
21	§	NAK	53	5	85	U	117	u	149	ò	181	╡	213	╒	245	⌡
22	▬	SYN	54	6	86	V	118	v	150	û	182	╢	214	╓	246	÷
23	↨	ETB	55	7	87	W	119	w	151	ù	183	╖	215	╫	247	≈
24	↑	CAN	56	8	88	X	120	x	152	ÿ	184	╕	216	╪	248	°
25	↓	EM	57	9	89	Y	121	y	153	ö	185	╣	217	┘	249	•
26	→	SUB	58	:	90	Z	122	z	154	Ü	186	║	218	┌	250	.
27	←	ESC	59	;	91	[	123	{	155	¢	187	╗	219	█	251	√
28	∟	FS	60	<	92	\	124	|	156	£	188	╝	220	▄	252	^{n}
29	↔	GS	61	=	93	]	125	}	157	¥	189	╜	221	▌	253	^{2}
30	▲	RS	62	>	94	^	126	~	158	Pt	190	╛	222	▐	254	■
31	▼	US	63	?	95	_	127	⌂	159	ƒ	191	┐	223	▀	255	

附录B　ANSI C的关键字

关键字	用　途	说　明
char	数据类型声明	单字节整型或字符型
double	数据类型声明	双精度实型
enum	数据类型声明	枚举类型
float	数据类型声明	单精度实型
int	数据类型声明	基本整型
long	数据类型声明	长整型
short	数据类型声明	短整型
signed	数据类型声明	有符号数
struct	数据类型声明	结构体类型
typedef	数据类型声明	重新进行数据类型声明
union	数据类型声明	共用体类型
unsigned	数据类型声明	无符号数
void	数据类型声明	无类型
volatile	数据类型声明	声明该变量在程序执行中可被隐含地改变
sizeof	运算符	计算变量或类型的存储字节数
break	程序语句	退出最内层循环体或 switch 结构
case	程序语句	switch 语句中的选择项
continue	程序语句	结束本次循环，转向下一次循环
default	程序语句	switch 语句中的默认选择项
do	程序语句	构成 do…while 循环结构
else	程序语句	构成 if…else 选择结构
for	程序语句	构成 for 循环结构
goto	程序语句	构成 goto 转移结构
if	程序语句	构成 if…else 选择结构
return	程序语句	函数返回
switch	程序语句	构成 switch 选择结构
while	程序语句	构成 while 和 do…while 循环结构
auto	存储类型声明	声明局部变量，默认值为此
const	存储类型声明	在程序执行过程中不可修改的变量值
register	存储类型声明	声明 CPU 寄存器的变量
static	存储类型声明	声明静态变量
extern	存储类型声明	声明外部全局变量或外部函数

附录 C　运算符的优先级和结合性

<table>
<tr><th>优先级</th><th>运算符</th><th>运算符功能</th><th>运算类型</th><th>结合方向</th></tr>
<tr><td>最高 15</td><td>( )
[ ]
->
.</td><td>圆括号、函数参数表
数组元素下标
指向结构体成员
结构体成员</td><td></td><td>自左至右</td></tr>
<tr><td>14</td><td>!
~
++、--
-
(类型名)
*
&
sizeof</td><td>逻辑非
按位取反
自增 1、自减 1
求负
强制类型转换
指针运算符
取地址运算符
求所占字节数</td><td>单目运算</td><td>自右至左</td></tr>
<tr><td>13</td><td>*、/、%</td><td>乘、除、整数求余</td><td>双目算术运算</td><td>自左至右</td></tr>
<tr><td>12</td><td>+、-</td><td>加、减</td><td>双目算术运算</td><td>自左至右</td></tr>
<tr><td>11</td><td><<、>></td><td>左移、右移</td><td>移位运算</td><td>自左至右</td></tr>
<tr><td>10</td><td><、<=、>、>=</td><td>小于、小于等于、
大于、大于等于</td><td>关系运算</td><td>自左至右</td></tr>
<tr><td>9</td><td>==、!=</td><td>等于、不等于</td><td>关系运算</td><td>自左至右</td></tr>
<tr><td>8</td><td>&</td><td>按位与</td><td>位运算</td><td>自左至右</td></tr>
<tr><td>7</td><td>^</td><td>按位异或</td><td>位运算</td><td>自左至右</td></tr>
<tr><td>6</td><td>|</td><td>按位或</td><td>位运算</td><td>自左至右</td></tr>
<tr><td>5</td><td>&&</td><td>逻辑与</td><td>逻辑运算</td><td>自左至右</td></tr>
<tr><td>4</td><td>||</td><td>逻辑或</td><td>逻辑运算</td><td>自左至右</td></tr>
<tr><td>3</td><td>?:</td><td>条件运算</td><td>三目运算</td><td>自右至左</td></tr>
<tr><td>2</td><td>=、+=、-=、*=、
/=、%=、&=、^=、
|=、<<=、>>=</td><td>赋值运算</td><td>双目运算</td><td>自右至左</td></tr>
<tr><td>最低 1</td><td>,</td><td>逗号（顺序求值）</td><td>顺序运算</td><td>自左至右</td></tr>
</table>

注：1. 运算符的结合性只对相同优先级的运算符有效，也就是说，只有表达式中相同优先级的运算符连用时，才按照运算符的结合性所规定的顺序运算。而不同优先级的运算符连用时，先进行优先级高的运算。

2. 对于表中所罗列的优先级关系可按照如下口诀记忆：圆下箭头一小点，非凡（反）增减富（负）强星地长，先乘除、后加减、再移位，小等大等、等等又不等，按位与、异或或，逻辑与、逻辑或，讲条件、后赋值、最后是逗号。

附录 D　C 库函数

1. 数学函数

使用数学函数时，应包含对应的头文件“math. h”或“stdlib. h”。

函数名	函数原型	功　能	返回值	头文件
abs	int abs (int x);	求整数 x 的绝对值	计算结果	math. h
acos	double acos (double x);	计算 $\cos^{-1}x$ 的值 ($-1 \leqslant x \leqslant 1$)	计算结果	math. h
asin	double asin (double x);	计算 $\sin^{-1}x$ 的值 ($-1 \leqslant x \leqslant 1$)	计算结果	math. h
atan	double atan (double x);	计算 $\tan^{-1}x$ 的值	计算结果	math. h
atan2	double atan2 (double x, double y);	计算 $\tan^{-1}(x/y)$ 的值	计算结果	math. h
ceil	double ceil (double x);	求大于或者等于 x 的最小整数	计算结果	math. h
cos	double cos (double x);	计算 cosx 的值 (x 单位为弧度)	计算结果	math. h
cosh	double cosh (double x);	计算 x 的双曲余弦值	计算结果	math. h
exp	double exp (double x);	求 e^x 的值	计算结果	math. h
fabs	double fabs (double x);	求 x 的绝对值	计算结果	math. h
floor	double floor (double x);	求不大于 x 的最大整数	该整数的双精度实数	math. h
fmod	double fmod (double x, double y);	求整除 x/y 的余数	该余数的双精度数	math. h
frexp	double frexp (double value, int * eptr);	将参数 value 分成两部分：0. 5 和 1 之间的尾数 x 和以 2 为底的指数 n，即 $value=x*2^n$，n 存放在 eptr 指向的变量中	尾数 x	math. h
hypot	double hypot (double x, double y);	计算直角三角形的斜边长	计算结果	math. h
labs	long labs (long x);	求长整型数 x 的绝对值	计算结果	math. h
ldexp	double ldexp (double value, int exp);	计算 $value*2^{exp}$ 的值	计算结果	math. h
log	double log (double x);	求 lnx	计算结果	math. h
log10	double log10 (double x);	求 lg^x 的值	计算结果	math. h
modf	double modf (double value, double * iptr);	将参数 value 分割成整数和小数，整数部分存到 iptr 指向的单元	小数部分	math. h
pow	double pow (double x, double y);	计算 x^y 的值	计算结果	math. h
pow10	double pow10 (int n);	计算 10 的 n 次方值	计算结果	math. h
rand	int rand (void);	产生 0～32767 之间的随机整数	随机整数	stdlib. h
sin	double sin (double x);	计算 sinx (x 单位为弧度)	计算结果	math. h
sinh	double sinh (double x);	计算 x 的双曲正弦值	计算结果	math. h
sqrt	double sqrt (double x);	计算 x 的平方根 ($x \geqslant 0$)	计算结果	math. h
tan	double tan (double x);	计算 tanx 的值 (x 单位为弧度)	计算结果	math. h
tanh	double tanh (double x);	计算 x 的双曲正切值	计算结果	math. h

2. 字符函数和字符串函数

在使用字符串函数时要包含头文件“string. h”，在使用字符函数时要包含头文件“ctype. h”。

函数名	函数原型	功　能	返回值	头文件
isalnum	int isalnum (int ch)；	检查字符 ch 是否为字母或数字	是，返回非 0 值；否则返回 0	ctype. h
isalpha	int isalpha (int ch)；	检查字符 ch 是否为字母（A～Z 或 a～z）	是，返回非 0 值；否则返回 0	ctype. h
iscntrl	int iscntrl (int ch)；	检查字符 ch 是否为控制字符（ASCII 码在 0～0x1F 之间或等于 0x7F（DEL））	是，返回非 0 值；否则返回 0	ctype. h
isdigit	int isdigit (int ch)；	检查字符 ch 是否为数字（0～9）	是，返回非 0 值；否则返回 0	ctype. h
isgraph	int isgraph (int ch)；	检查字符 ch 是否为可打印字符（不含空格，ASCII 码在 0x21～0x7E 之间）	是，返回非 0 值；否则返回 0	ctype. h
islower	int islower (int ch)；	检查字符 ch 是否为小写字母（a～z）	是，返回非 0 值；否则返回 0	ctype. h
isprint	int isprint (int ch)；	检查字符 ch 是否为可打印字符（含空格，ASCII 码在 0x20～0x7E 之间）	是，返回非 0 值；否则返回 0	ctype. h
ispunct	int ispunct (int ch)；	检查字符 ch 是否为标点字符（不含空格），即除字母、数字和空格以外的所有可打印字符	是，返回非 0 值；否则返回 0	ctype. h
isspace	int isspace (int ch)；	检查字符 ch 是否为空格、制表符或换行符	是，返回非 0 值；否则返回 0	ctype. h
isupper	int isupper (int ch)；	检查字符 ch 是否为大写字母（A～Z）	是，返回非 0 值；否则返回 0	ctype. h
isxdigit	int isxdigit (int ch)；	检查字符 ch 是否为一个十六进制字符（0～9、A～F、a～f）	是，返回非 0 值；否则返回 0	ctype. h
memccpy	void * memccpy (void * dest，void * src，unsigned char ch，unsigned count)；	从源 src 所指内存区域复制不多于 count 个字节到 dest 所指内存区域，若遇到字符 ch 则停止复制	成功复制 ch，返回指向 dest 中紧跟着 ch 以后的字符的指针；否则返回 NULL	string. h
memchr	void * memchr (void * s，char ch，unsigned n)；	在 s 所指内存区域的前 n 个字节中查找字符 ch	找到，返回指向在 s 中最先遇到字符 ch 的指针；否则返回 NULL	string. h
memcpy	void * memcpy (void * dest，const void * src，unsigned count)；	从源 src 所指的内存地址的起始位置开始复制 count 个字节到目标 dest 所指的内存地址的起始位置中	返回指向 dest 的指针	string. h
memcmp	int memcmp (void * s1，void * s2，unsigned count)；	比较两个串 s1 和 s2 的前 count 个字节，考虑字母的大小写	s1<s2，返回负数 s1=s2，返回 0 s1>s2，返回正数	string. h

（续）

函数名	函数原型	功　　能	返回值	头文件
memicmp	int memicmp (void * s1, void * s2, unsigned count)；	比较两个串 s1 和 s2 的前 count 个字节，但不考虑字母的大小写	s1<s2，返回负数 s1=s2，返回 0 s1>s2，返回正数	string. h
memmove	void * memmove (void * dest, const void * src, unsigned count)；	由 src 所指的内存区域复制 count 个字节到 dest 所指的内存区域	返回指向 dest 的指针	string. h
memset	void * memset (void * s, char ch, unsigned count)；	将 s 中的前 count 个字节设置为字符 ch	返回指向 s 的指针	string. h
strcat	char * strcat (char * str1, char * str2)；	将字符串 str2 接到 str1 后面，str1 最后的'\0'被取消	返回指向 str1 的指针	string. h
strchr	char * strchr (const char * str, char ch)；	查找字符串 str 中首次出现字符 ch 的位置	找到，返回指向该位置的指针；否则返回 NULL	string. h
strrchr	char * strrchr (const char * str, char ch)；	查找字符串 str 中末次出现字符 ch 的位置	找到，返回指向该位置的指针；否则返回 NULL	string. h
strcmp	int strcmp (char * str1, char * str2)；	比较两个字符串 str1、str2 的大小	str1<str2，返回负数 str1=str2，返回 0 str1>str2，返回正数	string. h
stricmp	int stricmp (char * str1, char * str2)；	比较字符串 str1 和 str2，忽略大小写	str1<str2，返回负数 str1=str2，返回 0 str1>str2，返回正数	string. h
strncmp	int strncmp (char * str1, char * str2, int size)；	比较字符串 str1 和 str2 的前 size 个字符	字符串前 size 个字符： str1<str2，返回负数 str1=str2，返回 0 str1>str2，返回正数	string. h
strnicmp	int strnicmp (char * str1, char * str2, int size)；	比较字符串 str1 和 str2 的前 size 个字符，忽略大小写	字符串前 size 个字符： str1<str2，返回负数 str1=str2，返回 0 str1>str2，返回正数	string. h
strcpy	char * strcpy (char * dest, char * src)；	将 src 指向的字符串复制到串 dest 中去	返回指向 dest 的指针	string. h
strncpy	char * strncpy (char * dest, char * src, int size)；	将串 src 中的前 size 个字符复制到串 dest 中	返回指向 dest 的指针	string. h
strlen	unsigned strlen (char * str)；	统计字符串 str 中的字符个数（不包括'\0'）	返回字符串中的字符个数	string. h
swab	void swab (char * src, char * dest, int n)；	交换串 src 的相邻两个字符，共交换 n/2 次，将交换结果复制到 dest 中	无	string. h
strstr	char * strstr (char * str1, char * str2)；	找出字符串 str2 在 str1 中第一次出现的位置（不包括 str2 中的'\0'）	找到，返回指向该位置的指针，否则返回 NULL	string. h
tolower	int tolower (int ch)；	将字符 ch 转换为小写字母	返回 ch 相应的小写字母	ctype. h
toupper	int toupper (int ch)；	将字符 ch 转换为大写字母	返回 ch 相应的大写字母	ctype. h

3. 输入和输出函数

大部分输入、输出函数在头文件“stdio. h”中，个别输入、输出函数在“io. h”或“conio. h”中。

函数名	函数原型	功　能	返 回 值	头文件
cgets	char * cgets (char * str)；	从控制台（键盘）读入一字符串，并将该字符串的长度存入由 str 所指向的地址中	成功，返回指向 str [2] 的指针；否则返回 NULL	conio. h
clearerr	void clearerr (FILE * fp)；	使 fp 所指向文件中的错误标志和文件结束标志置 0	无	stdio. h
close	int close (int fd)；	关闭文件	成功，返回 0；否则返回－1	io. h
creat	int creat (char * filename，int mode)；	以 mode 所指定的方式建立文件	成功，返回正数；否则返回－1	io. h
eof	int eof (int fd)；	检查文件是否结束	若遇文件结束，返回 1；否则返回 0	io. h
fclose	int fclose (FILE * fp)；	关闭 fp 所指的文件，释放文件缓冲区	成功，返回 0；否则返回非 0 值	stdio. h
fcloseall	int fcloseall (void)；	关闭除标准流（stdin、stdout、stderr、stdprn、stdaux）之外的所有打开的流（文件）	成功，返回关闭的流文件数目；否则返回 EOF	stdio. h
feof	int feof (FILE * fp)；	检查文件是否结束（文件位置指示器是否到达文件的结尾）	若遇文件结束符，返回非 0 值；否则返回 0	stdio. h
ferror	int ferror (FILE * stream)；	检测指定流（文件）的错误	未出现错误，返回 0；否则返回非 0 值	stdio. h
fflush	int fflush (FILE * stream)；	清除一个流	成功，返回 0；否则返回非 0 值	stdio. h
flushall	int flushall (void)；	清除所有缓冲区	成功，返回 0；否则返回非 0 值	stdio. h
filelength	long filelength (int handle)；	获取文件的长度字节数	成功，返回文件的长度字节数；否则返回－1L	io. h
fgetc	int fgetc (FILE * fp)；	从 fp 所指定的文件中读取一个字符	返回所读取的字符，若遇文件结束或读入出错返回 EOF	stdio. h
fgetchar	int fgetchar (void)；	从流中读取字符，相当于 fgetc (stdin)	返回所读取的字符，若读入出错返回 EOF	stdio. h
fgets	char * fgets (char * buf，int n，FILE * fp)；	从 fp 指向的文件读取一个长度为 n－1 的字符串，存入起始地址为 buf 的空间	成功，返回地址 buf；若遇文件结束或出错返回 NULL	stdio. h
fopen	FILE * fopen (char * filename，char * mode)；	以 mode 指定的方式打开名为 filename 的文件	成功，返回指向新打开文件的指针；否则返回 NULL	stdio. h

（续）

函数名	函数原型	功　能	返　回　值	头文件
freopen	FILE * freopen (const char * filename, const char * mode, FILE * stream);	以 mode 指定的方式，将流重新指定到另一个文件中	成功，返回指向流的指针；否则返回 NULL	stdio. h
fprintf	int fprintf (FILE * fp, char * format, args, …);	将 args 的值以 format 指定的格式输出到 fp 所指向的文件中	实际输出的字符数	stdio. h
fputc	int fputc (int ch, FILE * fp);	将字符 ch 写入（输出）到 fp 指向的文件中	成功，返回字符 ch；否则返回 EOF	stdio. h
fputchar	int fputchar (int ch);	将字符 ch 写到标准输出流中，相当于 fputc (ch, stdout)	成功，返回字符 ch；否则返回 EOF	stdio. h
fputs	int fputs (char * str, FILE * fp);	将 str 指向的字符串写入（输出）到 fp 指向的文件中	成功，返回 0；失败返回非 0 值	stdio. h
fread	int fread (char * pt, unsigned size, unsigned n, FILE * fp);	从 fp 指向的文件中读取 n 个长度为 size 字节的数据项，并存入 pt 所指向的内存区	返回从文件中实际读取到的数据项的个数	stdio. h
fscanf	int fscanf (FILE * fp, char * format, args, …);	从 fp 指定的文件中按 format 指定的格式读取数据并送到 args 所指向的内存单元	成功，返回已读取（输入）的数据个数；否则返回 EOF	stdio. h
fseek	int fseek (FILE * fp, long offset, int base);	将 fp 所指向的文件的位置指示器移到以 base 所指出的位置为基准、以 offset 为位移量的位置	成功，返回 0；否则返回非 0 值	stdio. h
fsetpos	int fsetpos (FILE * stream, const fpos_t * pos);	将文件位置指示器定位在 pos 指定的位置上	成功，返回 0；否则返回非 0 值	stdio. h
fstat	int fstat (int fd, struct stat * buf);	获取由文件句柄 fd 所打开文件的统计信息	成功，返回 0；否则返回－1	sys \ stat. h
ftell	long ftell (FILE * fp);	获取 fp 指向的文件中的位置指示器的当前位置	成功，返回位置指示器相对文件头的位移量；否则返回－1L	stdio. h
fwrite	int fwrite (char * ptr, unsigned size, unsigned n, FILE * fp);	将 ptr 所指向的 n 个长度为 size 个字节的数据项写入（输出）到 fp 所指向的文件中	返回实际写入文件中的数据项的个数	stdio. h
getc	int getc (FILE * fp);	从 fp 所指向的文件中读入一个字符	返回所读的字符，若文件结束或出错返回 EOF	stdio. h
getch	int getch (void);	从控制台（键盘）读取一个字符，但不把字符回显在屏幕上	返回输入字符对应的 ASCII 码	conio. h
getche	int getche (void);	从控制台（键盘）读取一个字符，同时把字符回显在屏幕上	返回输入字符对应的 ASCII 码	conio. h

（续）

函数名	函数原型	功　能	返　回　值	头文件
getchar	int getchar (void)；	从标准输入设备读取下一个字符	返回所读的字符，若遇文件结束或出错，返回 EOF	stdio. h
gets	char * gets (char * str)；	从标准输入设备读取字符串并放入 str 所指向的字符数组中，以回车结束读取	成功，返回 str 指针；否则返回 NULL	stdio. h
getw	int getw (FILE * fp)；	从 fp 所指向的文件中读取下一个字（整数）	返回输入的整数，若遇文件结束或出错，返回 EOF	stdio. h
open	int open (char * file－name，int mode)；	以 mode 所指定方式打开已存在的名为 filename 的文件	成功，返回正数（文件描述符）；失败返回－1	io. h
printf	int printf (char * format，args，…)；	按 format 指定的格式，将输出列表 args 的值输出到标准输出设备	返回实际输出字符的个数，若出错返回负数	stdio. h
putc	int putc (int ch，FILE * fp)；	将一个字符 ch 输出到 fp 所指向的文件中	成功，返回输出的字符 ch；出错返回 EOF	stdio. h
putchar	int putchar (int ch)；	将字符 ch 输出到标准输出设备	成功，返回输出的字符 ch；出错返回 EOF	stdio. h
puts	int puts (char * str)；	将 str 指向的字符串输出到标准输出设备，将'\0'转换为回车换行	成功，返回换行符；失败返回 EOF	stdio. h
putw	int putw (int w，FILE * fp)；	将一个整数 w（即一个字）写入 fp 指向的文件中	返回输出的整数，出错返回 EOF	stdio. h
read	int read (int fd，void * buf，unsigned count)；	从 fd 所指的文件中读取 count 个字节到由 buf 所指的缓冲区中	返回实际读取的字节个数，如遇文件结束返回 0，出错返回－1	io. h
rename	int rename (char * old-name，char * newname)；	将由 oldname 所指的文件名，改为由 newname 所指的文件名	成功，返回 0；出错返回－1	stdio. h
rewind	int rewind (FILE * fp)；	使 fp 指向的文件中的位置指示器置于文件开头，并清除文件结束标志和错误标志	成功，返回 0；否则返回非 0 值	stdio. h
scanf	int scanf (char * format，args，…)；	从标准输入设备按 format 指定的格式，输入数据给 args 指向的单元	返回读取并赋值给 args 的数据个数，遇文件结束返回 EOF，出错返回 0	stdio. h
ungetc	int ungetc (int ch，FILE * stream)；	将一个字符退回到输入流中	成功，返回字符 ch，否则返回 EOF	stdio. h
ungetch	int ungetch (int ch)；	将一个字符退回到键盘缓冲区中，相当于 ungetc (ch，stdin)	成功，返回字符 ch；否则返回 EOF	conio. h
write	int write (int handle，void * buf，unsigned count)；	从 buf 所指向的缓冲区输出 count 个字节到 handle 所指的文件中	返回实际输出的字节数，若出错返回－1	io. h

4. 动态存储分配函数

在标准C中，使用动态存储分配函数时，应包含头文件“stdlib. h”，但也有的C编译系统要求用“malloc. h”。

函数名	函数原型	功　　能	返回值
malloc	void * malloc (unsigned size);	申请分配size字节的存储空间	所分配内存区的起始地址；若申请失败，返回NULL
calloc	void * calloc (unsigned n, unsigned size);	申请分配n个size字节的存储空间	所分配内存区的起始地址；若申请失败，返回NULL
relloc	void * relloc (void * p, unsigned newsize);	将p所指向的已分配的内存空间大小变为newsize	返回指向该内存区的指针
free	void free (void * p);	释放p所指向的内存空间	无

参考文献

[1] 谭浩强．C程序设计［M］.5版．北京：清华大学出版社，2017.

[2] 徐金梧，等．TURBO C实用大全［M］．北京：机械工业出版社，2003.

[3] 徐江海．单片机应用技术［M］．北京：机械工业出版社，2012.

[4] 陆玲，等．嵌入式系统软件设计中的数据结构［M］．北京：北京航空航天大学出版社，2008.

[5] 李学刚，等．C语言程序设计［M］．北京：高等教育出版社，2013.

[6] 王宜怀，等．嵌入式技术基础与实践［M］．北京：清华大学出版社，2013.